中等职业学校工业和
信息化精品系列教材

3ds Max
室内效果图设计

项目式全彩微课版

主编：叶红 肖友民

副主编：向治宇 李博 柯婷

人民邮电出版社

北　京

图书在版编目（CIP）数据

3ds Max室内效果图设计 ： 项目式全彩微课版 / 叶
红，肖友民主编. -- 北京 ： 人民邮电出版社，2023.3
中等职业学校工业和信息化精品系列教材
ISBN 978-7-115-60220-6

Ⅰ. ①3… Ⅱ. ①叶… ②肖… Ⅲ. ①室内装饰设计—
计算机辅助设计—三维动画软件—中等专业学校—教材
Ⅳ. ①TU238.2-39

中国版本图书馆CIP数据核字(2022)第185236号

内 容 提 要

本书全面、系统地介绍 3ds Max 2014 的各项功能和室内效果图的制作技巧，具体包括室内效果图设计基础、3ds Max 2014 基础操作、编辑几何体、编辑二维图形、编辑三维模型、编辑复合对象、修改几何体的形体、设置材质和纹理贴图、应用摄影机和灯光、应用渲染与特效及综合设计实训等内容。

本书采用"项目—任务"式结构，通过"任务引入"提出具体的任务要求；通过"设计理念"帮助学生理解设计思路；通过"任务知识"帮助学生系统学习软件功能；通过"任务实施"帮助学生掌握室内效果图制作流程；通过"扩展实践"和"项目演练"提升学生的实际应用能力，增强学生的软件使用技巧。最后一个项目安排了 4 个商业设计实例，旨在帮助学生拓宽设计思路，顺利达到实战水平。

本书可作为中等职业学校数字媒体类专业"室内效果图设计"课程的教材，也可作为 3ds Max 初学者的参考书。

◆ 主　　编　叶　红　肖友民

　　副主编　向治宇　李　博　柯　婷

　　责任编辑　王亚娜

　　责任印制　王　郁　焦志炜

◆ 人民邮电出版社出版发行　　北京市丰台区成寿寺路 11 号

　　邮编　100164　　电子邮件　315@ptpress.com.cn

　　网址　https://www.ptpress.com.cn

　　北京尚唐印刷包装有限公司印刷

◆ 开本：889×1194　1/16

　　印张：12.5　　　　　　　　　2023 年 3 月第 1 版

　　字数：256 千字　　　　　　　2023 年 3 月北京第 1 次印刷

定价：59.80 元

读者服务热线：(010)81055256　印装质量热线：(010)81055316
反盗版热线：(010)81055315
广告经营许可证：京东市监广登字 20170147 号

前 言
PREFACE

3ds Max 是由 Autodesk 公司开发的三维设计软件。它功能强大，易学易用，深受建筑工程设计人员和动画制作人员的喜爱。目前，我国很多中等职业学校的数字媒体类专业都将 3ds Max 作为一门重要的专业课程。本书根据《中等职业学校专业教学标准》要求编写，在人才培养目标、专业方案等方面做好顶层设计，明确专业课程标准，强化专业技能培养；并根据岗位技能要求，引入企业真实案例，进行项目式教学。

根据现代中等职业学校的教学方向和教学特色，我们对本书的编写体系做了精心的设计。全书分为 11 个项目，主要依据 3ds Max 在室内效果图设计领域的应用来划分，重点项目按照"任务引入—设计理念—任务知识—任务实施—扩展实践—项目演练"的顺序编排。本书在内容选择方面，力求细致全面、重点突出；在文字叙述方面，注意言简意赅、通俗易懂；在案例设计方面，强调案例的针对性和实用性。

本书配套微课视频可登录人邮学院（www.rymooc.com）搜索书名观看。另外，为方便教师教学，除了书中案例的素材及效果文件，本书还配备 PPT 课件、教学大纲、教案等丰富的教学资源，任课教师可登录人邮教育社区（www.ryjiaoyu.com）免费下载。本书的参考学时为 64 学时，各项目的参考学时见下面的学时分配表。

项目序号	课程内容	学时分配
项目 1	发现室内设计之美——室内效果图设计基础	2
项目 2	熟悉设计工具——3ds Max 2014 基础操作	6
项目 3	制作基础室内模型——编辑几何体	4
项目 4	制作基础室内模型——编辑二维图形	4
项目 5	制作基础室内模型——编辑三维模型	8

前 言
PREFACE

续表

项目序号	课程内容	学时分配
项目 6	制作高级室内模型——编辑复合对象	8
项目 7	制作高级室内模型——修改几何体的形体	4
项目 8	制作模型材质效果——设置材质和纹理贴图	6
项目 9	制作摄影灯光效果——应用摄影机和灯光	8
项目 10	制作特殊效果——应用渲染与特效	6
项目 11	掌握商业设计应用——综合设计实训	8
学时总计		64

本书由叶红、肖友民任主编，向治宇、李博、柯婷任副主编。由于编者水平有限，书中难免存在疏漏和不足之处，敬请广大读者批评指正。

编者

2022 年 12 月

目 录

CONTENTS

目　录

CONTENTS

目 录
CONTENTS

项目1

发现室内设计之美
——室内效果图设计基础

01

随着信息技术的不断发展与环境艺术审美的不断变化，室内效果图设计技术也在提升，从事室内效果图设计工作的相关人员需要系统地学习室内效果图设计的各种技术和技巧。本项目对室内效果图的应用领域及创建室内效果图的工作流程进行系统讲解。通过本项目的学习，读者可以对室内效果图设计有一个全面的认识，从而高效地进行后续的室内效果图设计工作。

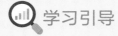 学习引导

📺 知识目标

- 了解室内效果图的应用领域
- 明确创建室内效果图的工作流程

📝 能力目标

- 掌握设计素材的搜集方法

✍ 素养目标

- 提高室内设计审美水平
- 培养对室内设计的兴趣

任务 1.1　了解室内效果图的应用领域

1.1.1　任务引入

本任务要求读者首先了解室内效果图的应用领域；然后通过在花瓣网搜集中式室内设计效果图，进一步了解室内设计风格，提高审美水平。

1.1.2　任务知识：室内效果图的应用领域

❶ 居住建筑室内设计

居住建筑即住宅，居住建筑室内设计主要涉及别墅、公寓及宿舍等室内场景设计，具体包括对卧室、餐厅、厨房及浴厕等的设计。随着个人对居住环境的要求越来越高，室内效果图在居住建筑室内设计领域得到了广泛的应用，如图1-1所示。

图 1-1

❷ 公共建筑室内设计

公共建筑即大众进行公共活动的空间，根据场景可以分为文教建筑、医疗建筑、办公建筑、商业建筑、展览建筑、娱乐建筑、体育建筑及交通建筑等。随着公共建筑的大力发展，公共建筑室内设计也朝着更好地为大众服务的方向发展，如图1-2所示。

图 1-2

❸ 工业建筑室内设计

工业建筑即用于从事工业生产的房屋，工业建筑室内设计主要涉及生产类、辅助类、动力类及仓储类等各类厂房的室内设计，具体包括生产车间、模型车间、锅炉房及仓库等的室内设计。现代工业建筑室内设计的不断发展使得各类厂房更加安全、适用、经济、美观，如图1-3所示。

图1-3

❹ 农业建筑室内设计

农业建筑即用于进行农业生产加工的房屋，农业建筑室内设计主要涉及各类农业生产和加工等场所的室内设计，具体包括种植暖房、粮库、饲料库及贮藏库等的室内设计。随着农业可持续发展的大力推进，农业建筑室内设计为食物供给和粮食安全提供了更有力的保障，如图1-4所示。

图1-4

1.1.3　任务实施

（1）打开花瓣网官网，单击右上角的"登录/注册"按钮，如图1-5所示，在弹出的对话框中选择登录方式并登录，如图1-6所示。

图 1-5

图 1-6

（2）在搜索框中输入关键词"中式室内设计"，如图 1-7 所示，按 Enter 键，进入搜索页面。

图 1-7

（3）单击页面左上角的"画板"按钮，选择需要的类别，如图 1-8 所示。

图 1-8

（4）在需要采集的画板上单击，在页面中选择需要的图片，单击"采集"按钮，如图 1-9 所示。在弹出的对话框中输入"室内设计"，选择下方的"创建画板'室内设计'"选项，新建画板。单击"采下来"按钮，将需要的图片采集到画板中，如图 1-10 所示。

图 1-9　　　　　　　　　　图 1-10

任务 1.2　明确室内效果图设计的工作流程

1.2.1　任务引入

本任务要求读者首先了解室内效果图设计的工作流程；然后通过在欧模网查找并下载中式落地灯模型素材，掌握室内效果图素材的搜集方法。

1.2.2　任务知识：室内效果图设计的工作流程

室内效果图设计的工作流程可分为建立模型、设置摄影机、设置灯光、赋予材质、渲染输出、后期处理 6 个步骤，如图 1-11 所示。

（a）建立模型　　　　　　（b）设置摄影机　　　　　　（c）设置灯光

（d）赋予材质　　　　　　（e）渲染输出　　　　　　（f）后期处理

图 1-11

1.2.3 任务实施

（1）打开欧模网官网，如图 1-12 所示，单击右上方的"登录 / 注册"按钮，在弹出的对话框中选择登录方式并登录，如图 1-13 所示。

图 1-12

图 1-13

（2）在页面顶部单击"免费模型"选项卡，如图 1-14 所示，进入 3D 模型页面，如图 1-15 所示。

图 1-14

图 1-15

（3）在上方筛选面板中进行筛选，在"一级"栏中选择"灯具"选项，在"二级"栏中选择"落地灯"选项，在"风格"栏中选择"中式"选项，如图 1-16 所示，单击"下载"按钮即可下载对应模型。

图 1-16

项目2

熟悉设计工具
——3ds Max 2014基础操作

02

本项目主要介绍3ds Max 2014的操作界面，坐标系，对象的选择、变换和复制，捕捉工具，对齐工具，以及对象的轴心控制等。通过本项目的学习，读者可以为今后的工作打下坚实的基础。

学习引导

知识目标

- 了解 3ds Max 2014 的操作界面
- 掌握对象的选择、变换和复制
- 了解捕捉工具和对齐工具
- 了解对象的轴心控制

能力目标

- 熟悉操作界面及坐标系
- 掌握对象的选择、变换和复制操作
- 掌握捕捉工具和对齐工具的使用方法
- 掌握对象的轴心控制方法

素养目标

- 提高计算机操作速度

任务 2.1　了解 3ds Max 2014 的操作界面

2.1.1　任务引入

本任务要求读者首先了解 3ds Max 2014 的操作界面及常用坐标系；然后通过选择需要的坐标系熟悉 3ds Max 2014 的基础操作。

2.1.2　任务知识：操作界面及坐标系

① 操作界面

3ds Max 2014 的操作界面如图 2-1 所示。下面介绍常用的几种部件。

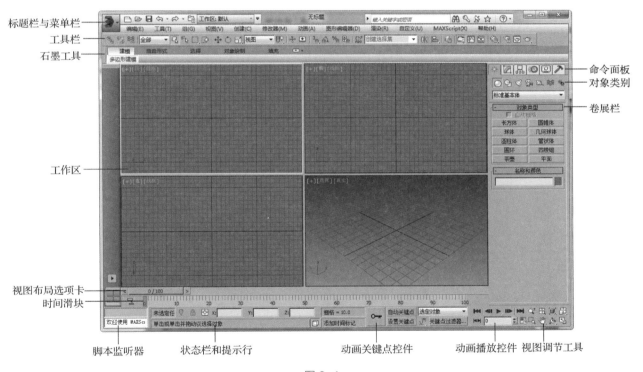

图 2-1

● **标题栏：**包括应用程序按钮、快速访问工具栏、文件名称、信息中心、及窗口控制按钮。

● **菜单栏：**位于标题栏下面，每个菜单的名称表明该菜单中命令的用途，单击菜单名，弹出的下拉菜单中会列出对应的命令。

● **工具栏：**用于快速访问 3ds Max 中常见的工具和对话框。

● **命令面板：**3ds Max 的核心部分，默认状态下位于操作界面的右侧；命令面板由 6 个用户界面面板组成，使用这些面板可以调用 3ds Max 的大多数建模功能，以及一些动画功能、显示选择和其他工具。

● **工作区**：位于操作界面的中间，共有 4 个视口。在默认状态下，系统在 4 个视口中分别显示顶视图、前视图、左视图和透视视图 4 个视图（又称场景）。通过视图，可以从任何不同的角度来观看建立的场景。

● **视图调节工具**：位于操作界面的右下角，根据当前激活视图的类型，视图调节工具会略有不同。

● **状态栏和提示行**：位于工作区下方偏左的位置，状态栏中显示了所选对象的数目、对象是否被孤立和锁定、当前鼠标指针的坐标位置、当前使用的栅格距离等，提示行中显示了当前使用工具的提示文字。

②　坐标系

下面介绍各个坐标系的功能。

● **视图坐标系**：在默认的视图坐标系中，所有正交视图中的 x 轴、y 轴、z 轴都相同，x 轴始终朝右，y 轴始终朝上，z 轴始终垂直于屏幕指向用户。在该坐标系下移动对象时，对象会相对于视图空间移动。图 2-2 所示为 4 个视图中的视图坐标系。

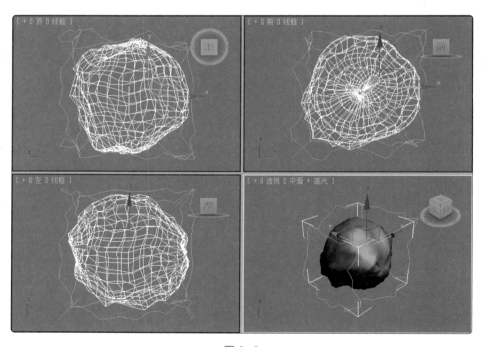

图 2-2

● **屏幕坐标系**：这是基于活动视口的坐标系，始终相对于观察点。x 轴表示水平方向，正向朝右；y 轴表示垂直方向，正向朝上；z 轴表示深度方向，正向指向用户。图 2-3 和图 2-4 所示分别为激活旋转视图后的透视视图与前视图中的坐标效果。

因为屏幕坐标系取决于活动视口，所以非活动视口中三轴架上的"x""y""z"标签显示当前活动视口的方向。激活相应视口时，三轴架上的标签会发生变化。

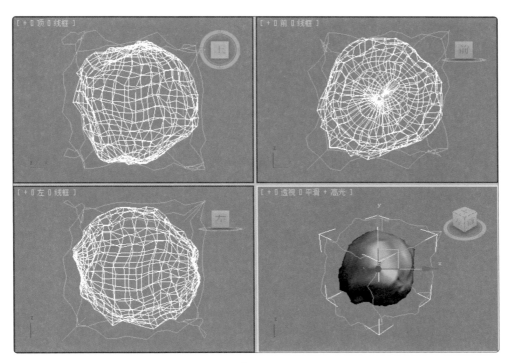

图 2-3

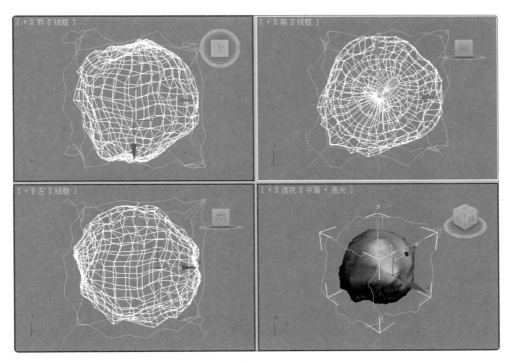

图 2-4

● **世界坐标系：** 从正面看，x 轴正向朝右，z 轴正向朝上，y 轴正向朝屏幕方向。世界坐标系始终固定，如图 2-5 所示。

● **父对象坐标系：** 选定对象的父对象的坐标系。如果对象未链接至特定对象，其父坐标系与世界坐标系相同，如图 2-6 所示。

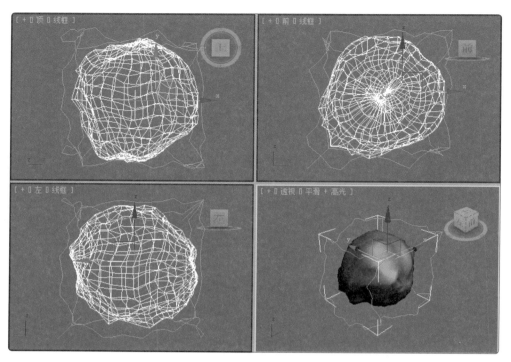

图 2-5

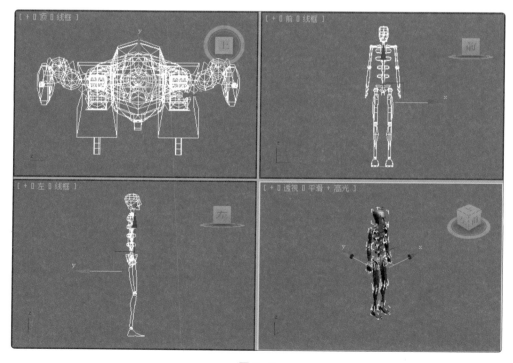

图 2-6

●**局部坐标系**：选定对象的坐标系。对象的局部坐标系由其轴点支撑，使用"层次"命令面板上的选项，可以相对于对象调整局部坐标系的位置和方向。

●**万向坐标系**：万向坐标系常与 Euler XYZ 旋转控制器搭配使用。它与局部坐标系类似，但其 3 个旋转轴不一定互为直角。

使用局部坐标系和父对象坐标系围绕一个轴旋转时，会更改两个或3个 Euler XYZ 轨迹，而使用万向坐标系围绕一个轴的 Euler XYZ 旋转仅更改该轴的轨迹，这使得对功能曲线的编辑更加方便。此外，利用万向坐标系的绝对变换输入，会将相同的 Euler 角度值用作动画轨迹（按照坐标系要求，与相对于世界坐标系或父对象坐标系的 Euler 角度相对应）。

Euler XYZ 旋转控制器也可以是列表控制器中的活动控制器。

- **栅格坐标系**：使用活动栅格的坐标系。
- **拾取坐标系**：使用场景中另一个对象的坐标系。

2.1.3 任务实施

（1）双击桌面上的 图标，启动 3ds Max 2014，打开其操作界面。在场景中选择需要更改坐标系的模型，如图 2-7 所示。

（2）在工具栏中的坐标系下拉列表中选择需要的坐标系，如图 2-8 所示。

图 2-7

图 2-8

任务 2.2 掌握对象的选择及变换方式

2.2.1 任务引入

本任务是要求读者首先了解如何选择及变换对象；然后通过制作铅笔模型掌握模型对象的选择及变换方式。模型效果参看云盘中的"场景 > Cha02 > 铅笔 .max"文件，如图 2-9 所示。

图 2-9

微课

制作铅笔模型

2.2.2 任务知识：选择及变换对象

① 选择对象

◎ 选择对象的基本方法

选择对象的基本方法包括使用"选择对象"工具直接选择和使用"按名称选择"工具进

行选择两种。单击 按钮后，弹出"从场景选择"对话框，如图2-10所示。

在该对话框的"名称"列表框中按住Ctrl键可选择多个对象，按住Shift键可选择对象的连续范围。在对话框中可以设置对象以什么形式排序，指定在对象列表中显示什么类型的对象，包括"几何体""图形""灯光""摄影机""辅助对象""空间扭曲""组/集合""外部参考""骨骼"等类型。取消选中某一类型，在列表中将隐藏该类型的对象。

◎ 区域选择

区域选择要配合工具栏中的选区工具来实现，选区工具包括"矩形选择区域""圆形选择区域""围栏选择区域""套索选择区域""绘制选择区域"。

● （矩形选择区域）：选择该工具后，在视图中按住鼠标左键并拖曳选择区域，然后释放鼠标左键。按下鼠标左键的位置是矩形的一个角，释放鼠标左键的位置是与之相对的角，如图2-11所示。

图2-10

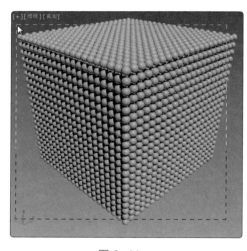

图2-11

● （圆形选择区域）：选择该工具后，在视图中按住鼠标左键并拖曳，然后释放鼠标左键。按下鼠标左键的位置是圆形的圆心，其与释放鼠标左键的位置一起定义了圆的半径，如图2-12所示。

● （围栏选择区域）：选择该工具后，在视图中拖曳鼠标指针绘制多边形，创建的多边形选区如图2-13所示。

● （套索选择区域）：选择该工具后，按住鼠标左键围绕应该选择的对象拖曳鼠标指针以绘制图形，如图2-14所示，然后释放鼠标左键。要取消该选择，可在释放鼠标左键前单击鼠标右键。

● （绘制选择区域）：选择该工具后，在要选择的对象上按住鼠标左键拖曳鼠标指针，然后释放鼠标左键。在拖曳鼠标指针时，鼠标指针周围会出现以笔刷大小为半径的圆圈，如图2-15所示，系统根据绘制路径创建选区。

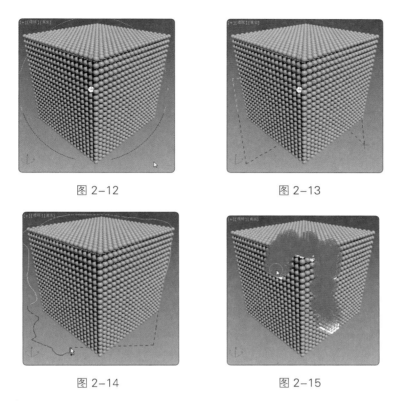

图 2-12　　　　　　　　　　图 2-13

图 2-14　　　　　　　　　　图 2-15

◎ 编辑菜单选择

"编辑"菜单中提供了几种选择场景中对象的方式，如图 2-16 所示，有"全选""全部不选""反选""选择类似对象""选择实例"等。

◎ 对象编辑成组

在场景中选择需要成组的对象，如图 2-17 所示。在菜单栏中选择"组 > 成组"命令，弹出"组"对话框，如图 2-18 所示，在文本框中输入组名，单击"确定"按钮。将选择的对象成组之后，可以对成组后的模型进行编辑。

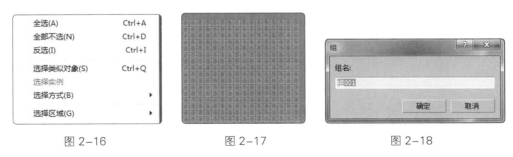

图 2-16　　　　　　　图 2-17　　　　　　　图 2-18

❷ 变换对象

◎ 移动对象

移动工具是三维制作过程中使用最频繁的变换工具之一，用于选择并移动对象。使用"选择并移动"工具可以将选择的对象移动到任意位置，也可以将选择的对象精确定位到新的位置。移动工具有其自身的模框：选择任意一个轴可以将移动限制在选中的轴上，选中的轴加亮显示为黄色；选择任意一个平面，可以将移动限制在该平面上，被选中的平面加亮显示为透明的黄色。

为了提高效果图的制作精度，可以使用键盘精确控制移动距离，用鼠标右键单击"选择并移动"按钮 ，弹出"移动变换输入"对话框，如图 2-19 所示，在其中可精确控制移动距离，确定被选对象新位置的相对坐标值。使用这种方法移动对象，移动方向仍然受到轴的限制。

图 2-19

◎ 旋转对象

旋转模框是根据虚拟跟踪球的概念建立的，旋转模框的控制工具是一些圆，在任意一个圆上单击，再沿圆形拖曳鼠标指针即可进行旋转，支持大于 360° 的角度。当圆旋转到虚拟跟踪球后面时，将变得不可见，这样模框不会变得杂乱无章，更容易使用。

在旋转模框中，除了控制 x 轴、y 轴、z 轴方向的旋转外，还可以控制自由旋转和基于视图的旋转。在暗灰色圆形的内部拖曳鼠标指针可以自由地旋转一个对象，就像真正旋转一个轨迹球一样（即自由模式）；在浅灰色的圆形外框中拖曳鼠标指针，可以在一个与视图视线垂直的平面上旋转一个对象（即屏幕模式）。

使用"选择并旋转"工具也可以进行精确旋转，其使用方法与移动工具一样，只是对话框内容有所不同。

◎ 缩放对象

缩放模框中包括限制平面，以及伸缩模框本身提供的缩放反馈，缩放变换按钮为弹出式按钮，可提供 3 种类型的缩放，即等比例缩放、非等比例缩放和挤压缩放（即体积不变）。

旋转任意一个轴可将缩放限制在该轴的方向上，被限制的轴加亮显示为黄色；旋转任意一个平面可将缩放限制在该平面上，被选中的平面加亮显示为透明的黄色。选择中心区域可进行所有轴向的等比例缩放，在进行非等比例缩放时，缩放模框会在移动时拉伸和变形。

2.2.3 任务实施

（1）启动 3ds Max 2014，使用"圆柱体"工具在场景中创建圆柱体，参数可根据需要进行设置，如图 2-20 所示。

（2）按 Ctrl+V 组合键，在弹出的对话框中选择"复制"选项，单击"确定"按钮，复制出圆柱体。

（3）选择复制出的圆柱体，修改其参数，如图 2-21 所示。

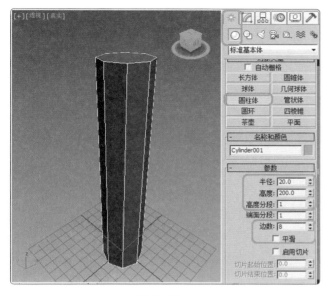

图 2-20

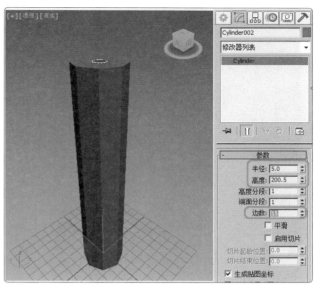

图 2-21

（4）在场景中创建圆锥体，设置合适的参数，如图 2-22 所示。

（5）按 Ctrl+V 组合键，在弹出的对话框中选择"复制"选项，单击"确定"按钮，复制出圆锥体。

（6）选择复制出的圆锥体，修改其参数，如图 2-23 所示。

图 2-22

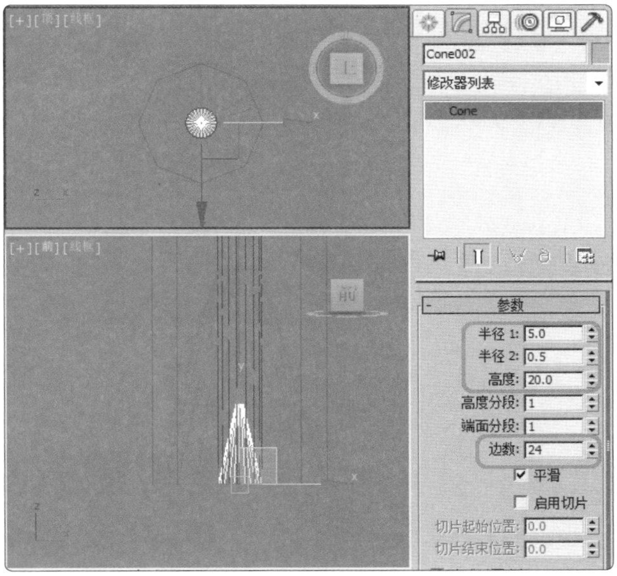

图 2-23

（7）在工具栏中单击"选择并移动"按钮，在场景中选择大的圆锥体，在前视图中沿着 y 轴将其移动到圆柱体的顶部，如图 2-24 所示。

（8）使用同样的方法将小圆锥体放置到大圆锥体上方，调整好位置后，修改大圆锥体的参数，如图 2-25 所示。

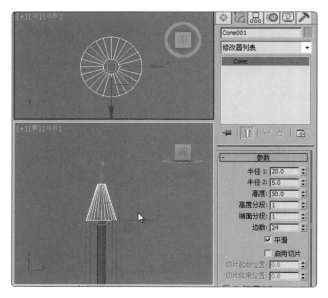

图 2-24   图 2-25

（9）在场景中选择所有模型，在工具栏中单击"选择并旋转"按钮⟳，在左视图中将铅笔水平放置，如图 2-26 所示。

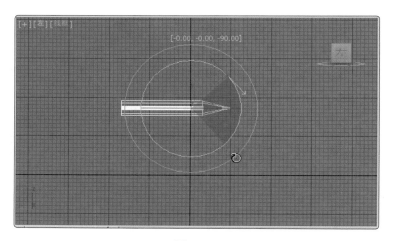

图 2-26

任务 2.3   掌握对象的复制方式

2.3.1   任务引入

本任务要求读者首先了解复制对象的常用方法；然后通过制作钟表模型熟练掌握对象的复制方法。模型效果参看云盘中的"场景 > Cha02 > 钟表 .max"文件，如图 2-27 所示。

图 2-27

微课

制作钟表模型

2.3.2　任务知识：复制对象

下面介绍几种常用的复制对象的方法。

① 直接复制

在场景中选择需要复制的对象，按 Ctrl+V 组合键，可以直接复制；使用变换工具复制对象是较常用的复制方法，按住 Shift 键利用移动、旋转、缩放工具拖曳对象即可进行变换复制，释放鼠标左键后，弹出"克隆选项"对话框，"对象"组中有 3 种复制方法，即常规复制、实例复制和参考复制，如图 2-28 所示。

图 2-28

② 镜像复制

使用镜像工具可以将选择的对象沿指定的坐标轴进行对称复制。

在场景中选择需要镜像复制的对象，如图 2-29 所示，单击工具栏中的"镜像"按钮⊪，弹出"镜像：世界坐标"对话框，如图 2-30 所示。

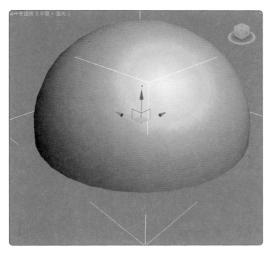

图 2-29

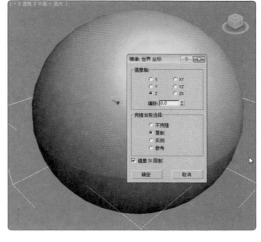

图 2-30

在对话框中可以设置控制镜像的基本参数：6 个镜像的轴向可以实现不同的镜像效果，"偏移"参数用于设置镜像对象与原对象的距离，"克隆当前选择"组用于控制对象以哪种方式进行镜像复制。

③ 间距复制

使用间距复制可以根据路径复制对象。

在场景中创建路径和球体，如图 2-31 所示。在场景中选择球体，在菜单栏中选择"工具 > 对齐 > 间隔工具"命令，在弹出的对话框中单击"拾取路径"按钮，在场景中拾取作为路径的图形，此时可以看到"拾取路径"按钮变为图形名称，如图 2-32 所示。选择"计数"参数，设置复制的模型格式。

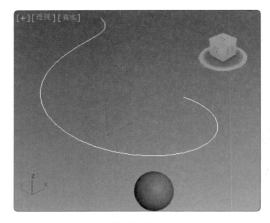

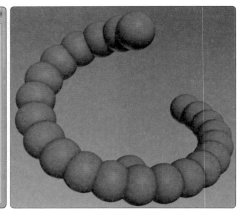

图 2-31　　　　　　　　　　　　　　　　　　　　　　图 2-32

4　利用阵列复制

在菜单栏中选择"工具 > 阵列"命令，弹出"阵列"对话框，如图 2-33 所示。下面介绍常用选项的功能

- **"增量"参数**：控制阵列单个对象在 x 轴、y 轴、z 轴上的移动、旋转、缩放间距，该参数一般不需要设置。
- **"总计"参数**：控制阵列对象在 x 轴、y 轴、z 轴上的移动、旋转、缩放总量，这是常用的参数，改变该参数值后，"增量"参数的值随之改变。
- **"对象类型"组**：设置复制的类型。
- **"阵列维度"组**：设置 3 种类型的阵列。
- **"重新定向"复选框**：勾选该复选框后，旋转复制的原始对象时，复制出的对象也会沿其自身的坐标系进行旋转定向，它们在旋转轨迹上总保持相同的角度。
- **"均匀"复选框**：勾选该复选框后，缩放数值框中只允许有一个输入值，这样可以保证对象只发生体积变化而不发生形变。
- **"预览"按钮**：单击该按钮，可以预览设置的阵列参数效果。

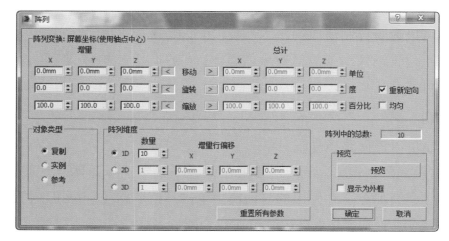

图 2-33

2.3.3 任务实施

（1）启动 3ds Max 2014，在场景中创建管状体，设置合适的参数，如图 2-34 所示。

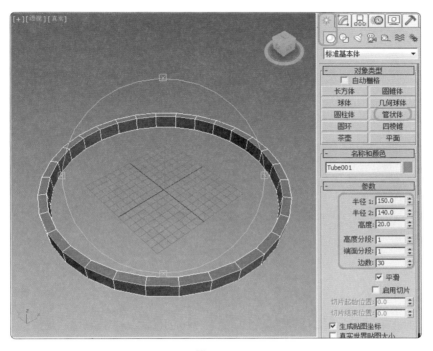

图 2-34

（2）在场景中创建圆柱体，设置合适的参数，将其放置到管状体的中间位置，如图 2-35 所示。

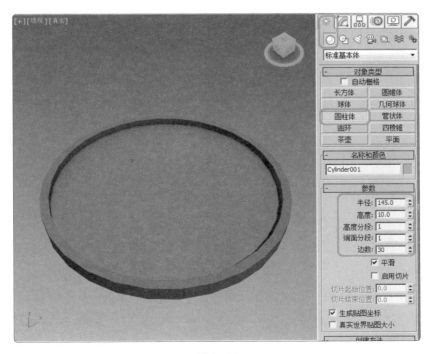

图 2-35

（3）在场景中创建长方体作为小时刻度，如图2-36所示，选择该长方体。

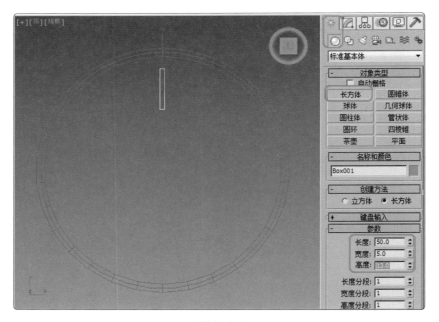

图2-36

（4）切换到"层次"命令面板，单击"仅影响轴"按钮，在前视图中使用"对齐"工具在场景中拾取圆柱体，在弹出的对话框中进行合适的设置，单击"确定"按钮，如图2-37所示。

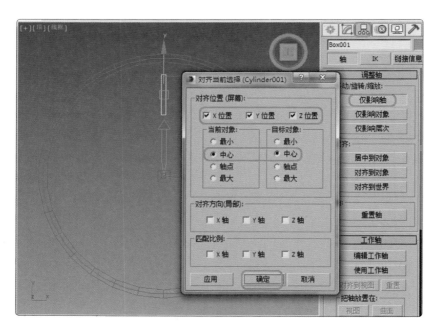

图2-37

（5）调整轴之后，单击"仅影响轴"按钮将该功能关闭，在菜单栏中选择"工具 > 阵列"命令，在弹出的对话框中进行相应设置，单击"确定"按钮，如图2-38所示。

（6）设置阵列后，选择图2-39所示的长方体，单击"使唯一"按钮。

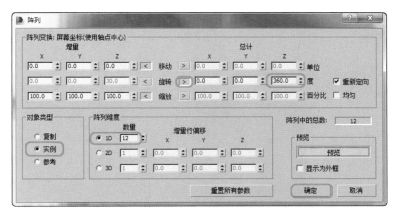

图 2-38

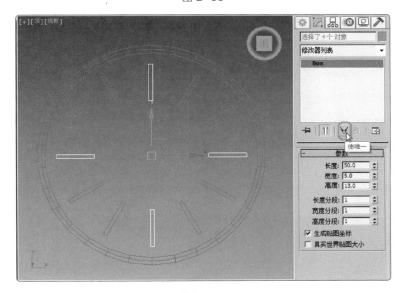

图 2-39

（7）修改该长方体的长、宽、高，如图 2-40 所示。

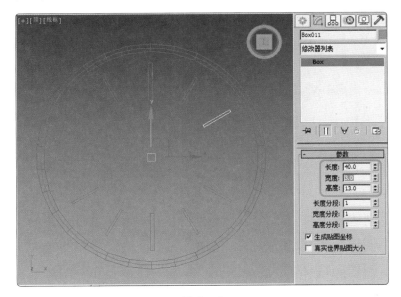

图 2-40

（8）在场景中选择管状体对象，按 Ctrl+V 组合键，在弹出的对话框中进行相应设置，复制模型，如图 2-41 所示。

（9）复制出管状体后，修改其参数，如图 2-42 所示。

图 2-41

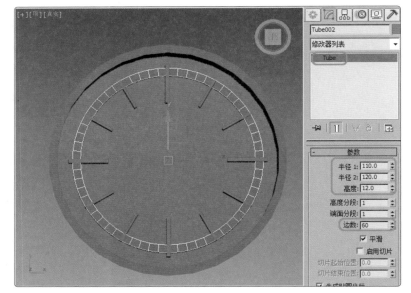

图 2-42

（10）为模型添加"晶格"修改器，并设置合适的参数，如图 2-43 所示。

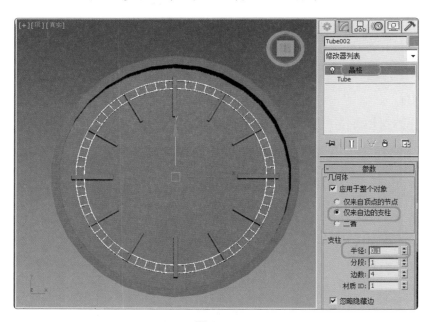

图 2-43

（11）在场景中创建长方体作为分针，设置合适的参数，如图 2-44 所示。

（12）在场景中创建长方体作为时针，设置合适的参数，如图 2-45 所示。

（13）在场景中创建圆柱体作为指针的中轴，设置合适的参数。在场景中调整各个模型的位置，如图 2-46 所示。

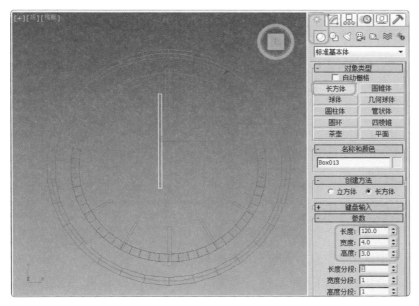

图 2-44

图 2-45

图 2-46

任务 2.4 了解捕捉工具和对齐工具

2.4.1 任务引入

本任务要求读者首先认识捕捉工具和对齐工具；然后通过制作简约的装饰画模型掌握捕捉工具和对齐工具的使用方法和技巧。模型效果参看云盘中的"场景 > Cha02 > 装饰画 .max"文件，如图 2-47 所示。

微课

制作装饰画
模型

图 2-47

2.4.2　任务知识：捕捉工具和对齐工具

① 捕捉工具

捕捉工具分为3类，即"位置捕捉"工具 🔓（捕捉开关）、"角度捕捉"工具 🔒（角度捕捉切换）和"百分比捕捉"工具 ‰（百分比捕捉切换）。其中较常用的是"位置捕捉"工具，角度捕捉工具主要用于旋转对象，百分比捕捉工具主要用于缩放对象。

◎ 位置捕捉工具

位置捕捉工具用于在三维空间中锁定需要的位置，以便进行旋转、创建、编辑、修改等操作。使用位置捕捉工具，在创建和变换对象或子对象时可以捕捉几何体的特定部分，同时还可以捕捉栅格点、切点、中点、轴心、中心面等。

开启捕捉工具（关闭动画设置）后，旋转和缩放操作在捕捉点周围执行。例如，开启顶点捕捉对一个立方体进行旋转操作，在使用变换坐标中心的情况下，可以使用捕捉工具让对象围绕自身顶点旋转。当开启动画设置后，无论是旋转还是缩放命令，捕捉工具都无效，对象只能围绕自身轴心进行旋转或缩放。捕捉分为相对捕捉和绝对捕捉。

系统提供了3个空间进行捕捉设置，包括二维、二点五维和三维空间，它们的按钮包含在一起，在其上按住鼠标左键即可切换旋转，在其上单击鼠标右键，可以弹出"栅格和捕捉设置"对话框，如图2-48所示。在该对话框中可以选择捕捉的类型，还可以控制捕捉的灵敏度，如果捕捉到了对象，会显示一个蓝色（这里可以更改）的、边长为15像素的方格及相应的辅助线。

◎ 角度捕捉工具

角义捕捉工具用于设置进行旋转操作时的角度间隔，不打开角度捕捉对于进行细微的调节有帮助，但如果要进行整角度的旋转就很不方便。在实际应用中，经常要进行如90°、180°等整角度的旋转，这时打开角度捕捉按钮，系统会以5°为增量进行整角度的旋转。在该工具上单击鼠标右键，可以弹出"栅格和捕捉设置"对话框，在"选项"选项卡中可以通过设置"角度"值来设置角度捕捉的增量，如图2-49所示。

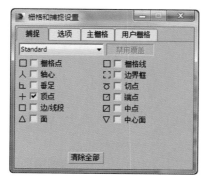

图 2-48

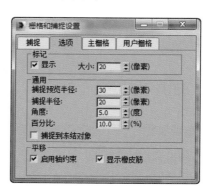

图 2-49

◎ 百分比捕捉工具

百分比捕捉工具用于设置缩放或挤压操作时的百分比间隔，如果不打开百分比捕捉，则系统会以 1% 作为缩放的增量。如果要调整增量，可在该工具上单击鼠标右键，在弹出的"栅格和捕捉设置"对话框中单击"选项"选项卡，设置"百分比"值，默认设置为10%。

◎ 捕捉工具的参数设置

在"捕捉开关"按钮 上单击鼠标右键，弹出"栅格和捕捉设置"对话框。

（1）单击"捕捉"选项卡，如图 2-50 所示。

- **"栅格点"复选框**：捕捉到栅格交点。默认情况下，该复选框处于勾选状态，快捷键为 Alt+F5。
- **"栅格线"复选框**：捕捉到栅格线上的任意点。
- **"轴心"复选框**：捕捉到对象的轴心点。
- **"边界框"复选框**：捕捉到对象边界框的 8 个角中的 1 个。
- **"垂足"复选框**：捕捉到样条线上与上一个点相对的垂直点。

图 2-50

- **"切点"复选框**：捕捉到样条线上与上一个点相对的相切点。
- **"顶点"复选框**：捕捉到网格对象或可以转换为可编辑网格对象的顶点，捕捉到样条线上的顶点，快捷键为 Alt+F7。
- **"端点"复选框**：捕捉到网格边的端点或样条线的顶点。
- **"边 / 线段"复选框**：捕捉沿着边（可见或不可见）或样条线分段的任何位置，快捷键为 Alt+F9。
- **"中点"复选框**：捕捉到网格边的中点和样条线分段的中点，快捷键为 Alt+F8。
- **"面"复选框**：捕捉到面上的任何位置。如果选择背面，则该复选框无效，快捷键为 Alt+F10。
- **"中心面"复选框**：捕捉到三角形面的中心。

（2）单击"选项"选项卡，如图 2-51 所示。

- **"显示"复选框**：切换捕捉指针的显示。取消勾选该复选框后捕捉仍然起作用，但不显示。
- **"大小"数值框**：以像素为单位设置捕捉"击中"点的大小，当鼠标指针移动到模型上时，鼠标指针会变为一个小图标，这表示源或目标捕捉点。
- **"捕捉预览半径"数值框**：当鼠标指针与潜在捕捉到

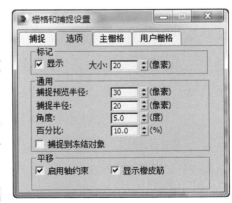

图 2-51

的点的距离在"捕捉预览半径"值和"捕捉半径"值之间时，捕捉标记跳到最近的潜在捕捉到的点，但不发生捕捉，默认设置为 30 像素。

- **"捕捉半径"数值框**：以像素为单位设置鼠标指针周围区域的大小。在该区域内捕捉将自动进行，默认设置为 20 像素。

- **"角度"数值框**：设置对象围绕指定轴旋转的增量，以度为单位。

- **"百分比"数值框**：设置缩放变换的百分比增量。

- **"捕捉到冻结对象"复选框**：勾选该复选框后，启用捕捉到冻结对象，默认设置为禁用状态，快捷键为 Alt+F2。该选项也位于快捷菜单中，按住 Shift 键在视图的任意位置单击鼠标右键，可以在弹出的快捷菜单中选择"捕捉到冻结对象"命令。该选项还位于捕捉工具栏中。

- **"启用轴约束"复选框**：约束选定对象，使其沿着在"轴约束"工具栏中指定的轴移动，快捷键为 Alt+F3 或 Alt+D。禁用该选项后（默认设置）将忽略约束，并且可以将捕捉的对象平移任何尺寸（假设使用 3D 捕捉）。该选项也位于快捷菜单中，按住 Shift 键在任意视图中单击鼠标右键，可以在弹出的快捷菜单中选择"启用轴约束"命令。该选项还位于捕捉工具栏中。

- **"显示橡皮筋"复选框**：当勾选该复选框并移动对象时，原始位置和鼠标指针位置之间将显示橡皮筋线，使捕捉过程更精确。

（3）单击"主栅格"选项卡，如图 2-52 所示。

- **"栅格间距"数值框**：设置栅格的尺寸。使用微调器可调整间距（使用当前单位），也可以直接输入值。

- **"每 N 条栅格线有一条主线"数值框**：设置场景栅格的主线位置，主线比一般的栅格线颜色深。例如，参数值为 10 时，每隔 10 条栅格线就会出现一条颜色较深的主线。

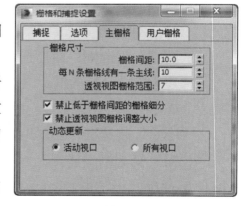

图 2-52

- **"透视视图栅格范围"数值框**：设置透视视图中的主栅格大小。

- **"禁止低于栅格间距的栅格细分"复选框**：当将主栅格放大时，3ds Max 将栅格视为一组固定的线。无论是缩小还是放大视图，栅格都处于固定状态，不跟随视口的缩放进行缩放。该选项默认设置为启用状态。

- **"禁止透视视图栅格调整大小"复选框**：当放大或缩小透视视图时，3ds Max 将透视视图中的栅格视为一组固定的线。实际上，无论缩放多少，栅格都保持固定大小。该选项默认设置为启用状态。

- **"动态更新"组**：默认情况下，更改"栅格间距"和"每 N 条栅格线有一条主线"

的值时，只更新活动视口，完成值的更改之后，其他视图才更新。选择"所有视口"单选按钮可在更改值时更新所有视口。

图 2-53

（4）单击"用户栅格"选项卡，如图 2-53 所示。

● **"创建栅格时将其激活"复选框**：勾选该复选框可自动激活创建的栅格。

● **"世界空间"单选按钮**：将栅格与世界空间对齐。

● **"对象空间"单选按钮**：将栅格与对象空间对齐。

❷ 对齐工具

下面介绍"对齐当前选择"对话框中各个选项的功能，对话框如图 2-54 所示。

● **"X 位置""Y 位置""Z 位置"复选框**：指定要在其中执行对齐操作的一个或多个轴。勾选这 3 个复选框可以将当前对象移动到目标对象位置。

● **"最小"单选按钮**：将具有最小 x、y、z 值的对象边界框上的点与其他对象上选定的点对齐。

图 2-54

● **"中心"单选按钮**：将对象边界框的中心与其他对象上的选定点对齐。

● **"轴点"单选按钮**：将对象的轴点与其他对象上的选定点对齐。

● **"最大"单选按钮**：将具有最大 x、y、z 值的对象边界框上的点与其他对象上选定的点对齐。

● **"对齐方向（局部）"组**：用于设置在轴的任意组合上匹配两个对象之间的局部坐标系的方向。

● **"匹配比例"组**：勾选"X 轴""Y 轴""Z 轴"复选框，可匹配两个选定对象之间的缩放轴值。该操作仅对变换输入中显示的缩放值进行匹配，不一定会导致两个对象的大小相同；如果两个对象先前都未进行缩放，则其大小不会更改。

2.4.3　任务实施

（1）启动 3ds Max 2014，在前视图中创建矩形，在"参数"卷展栏中设置"长度"为230，"宽度"为220，在"渲染"卷展栏中勾选"在渲染中启用"和"在视口中启用"复选框，选择"矩形"单选按钮，设置"长度"为10，"宽度"为25，如图 2-55 所示。

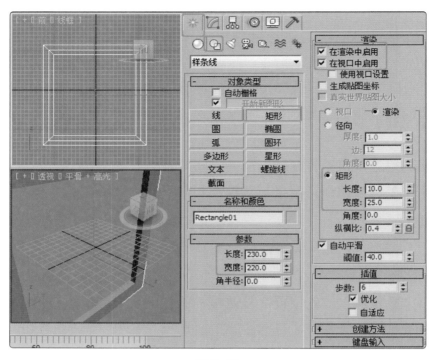

图 2-55

（2）在工具栏中的"捕捉开关"按钮 上单击鼠标右键，在弹出的对话框中勾选"顶点"复选框，如图 2-56 所示。

（3）在前视图中通过顶点捕捉创建平面，如图 2-57 所示。

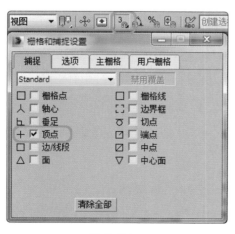

图 2-56

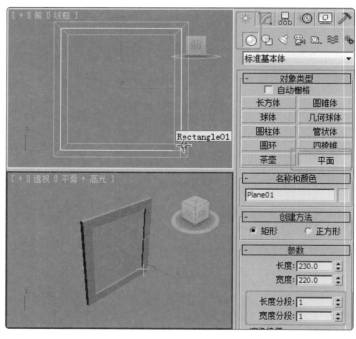

图 2-57

任务 2.5　了解对象的轴心控制

2.5.1　任务引入

本任务要求读者首先了解轴心控制方法；然后通过制作简易的指南针模型，掌握使用变换坐标控制对象的方法。模型效果参看云盘中的"场景 > Cha02 > 指南针 .max"文件，如图 2-58 所示。

图 2-58

微课

制作指南针
模型

2.5.2　任务知识：轴心控制方法

❶ 使用轴点中心

单击"使用中心"工具组中的"使用轴点中心"按钮 ，可以围绕对象各自的轴点旋转或缩放一个或多个对象，还可以将每个对象围绕其自身局部轴旋转。

　提示　　变换中心模式的设置基于变换的对象，因此请先选择要变换的对象，再单击工具组中的按钮。

❷ 使用选择中心

单击"使用中心"工具组中的"使用选择中心"按钮 ，可以围绕对象共同的几何中心旋转或缩放一个或多个对象。如果选择了多个对象，则系统自动计算这些对象的几何中心，并将此几何中心作为变换中心。

❸ 使用变换坐标中心

单击"使用中心"工具组中的"使用变换坐标中心"按钮 ，可以围绕当前坐标系的中心旋转或缩放一个或多个对象。

2.5.3　任务实施

（1）启动 3ds Max 2014，在前视图中使用默认的参数创建文本 N，如图 2-59 所示。

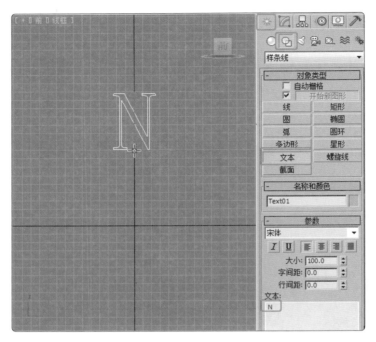

图 2-59

（2）在工具栏中单击"选择并旋转"按钮，单击"使用中心"工具组中的"使用变换坐标中心"按钮，如图 2-60 所示。

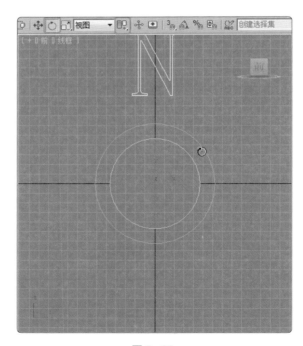

图 2-60

（3）按住 Shift 键将图形旋转 90°，释放鼠标左键，在弹出的对话框中选择"复制"单选按钮，设置"副本数"为3，单击"确定"按钮，如图 2-61 所示。

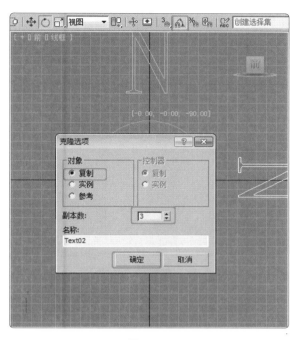

图 2-61

（4）修改复制出的文本图形中的文本，如图 2-62 所示。

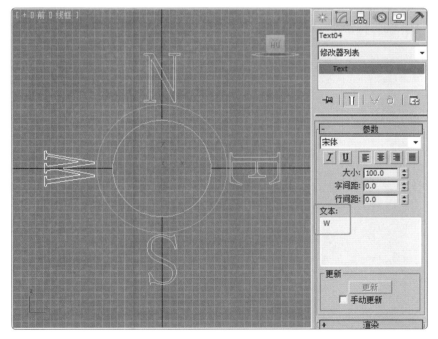

图 2-62

（5）选择 4 个文本图形，为其添加"挤出"修改器，并设置合适的参数，如图 2-63 所示。

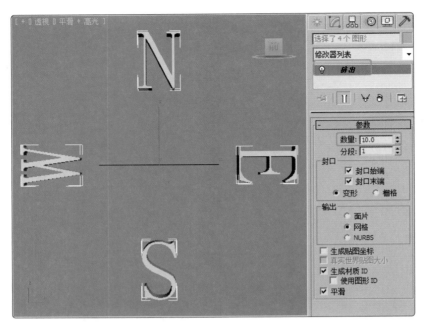

图 2-63

（6）使用同样的方法创建一个箭头，如图 2-64 所示。创建箭头后，为其添加"挤出"修改器，完成模型的创建。

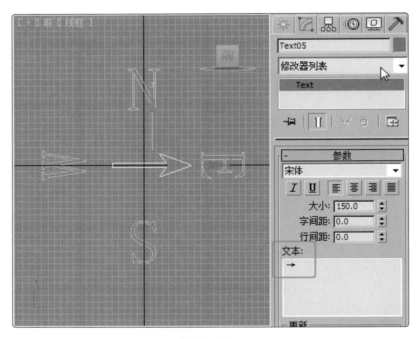

图 2-64

项目3
制作基础室内模型
——编辑几何体

03

在3ds Max 2014中进行场景建模时，首先要创建基本模型，然后通过一些简单模型的组合制作出比较复杂的三维模型。本项目重点介绍如何在3d Max 2014中编辑标准几何体和扩展几何体。通过本项目的学习，读者可以初步掌握制作基础室内模型的方法和技巧。

 学习引导

知识目标
- 掌握创建标准几何体的工具的使用方法
- 掌握创建扩展几何体的工具的使用方法

能力目标
- 掌握标准几何体的绘制方法
- 掌握扩展几何体的绘制技巧

素养目标
- 培养对基本几何体的熟悉度
- 提高对软件的熟练操作程度

实训项目
- 制作圆茶几模型
- 制作筒式壁灯模型

任务 3.1　制作圆茶几模型

3.1.1　任务引入

本任务是制作实木烤漆圆茶几模型，要求茶几面为圆柱体，结合长方体支架组合出茶几模型，整体造型力求简约，突出烤漆材质的光泽感。

3.1.2　设计理念

设计时，采用长方体支架可以产生圆弧的柔美与直线条的刚硬的对比，体现出现代风格；烤漆材质使茶几光泽度较高，在简约中凸显华丽。模型效果参看云盘中的"场景 > Cha03 > 圆茶几 .max"文件，如图 3-1 所示。

图 3-1

3.1.3　任务知识：标准几何体的创建

1 长方体

◎ 通过鼠标拖曳创建

依次单击"⬚（创建）> ◯（几何体）> 标准基本体 > 长方体"按钮，按住鼠标左键并拖曳，在视图中的任意位置绘制出一个矩形面，效果如图 3-2 所示。释放鼠标左键，向上拖曳鼠标指针，设置出长方体的高度，效果如图 3-3 所示。这是常用的创建方法。

通过鼠标拖曳创建长方体，其参数不可能十分精确，可以在"参数"卷展栏中修改，如图 3-4 所示。

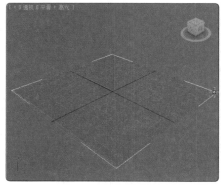

图 3-2

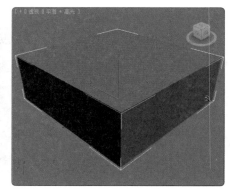

图 3-3

图 3-4

◎ 通过键盘输入精确尺寸创建

依次单击"⬚（创建）> ◯（几何体）> 标准基本体 > 长方体"按钮，在"键盘输入"

卷展栏中输入长方体长、宽、高的值，如图 3-5 所示。单击"创建"按钮，完成长方体的创建，效果如图 3-6 所示。

 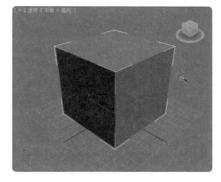

图 3-5　　　　　　　　　　　　　　　　图 3-6

② 圆柱体

依次单击"⚹（创建）> ◯（几何体）> 标准基本体 > 圆柱体"按钮，在场景中创建圆柱体，效果如图 3-7 所示。

展开"参数"卷展栏，参数设置和完成的效果如图 3-8 所示。

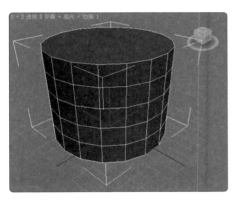 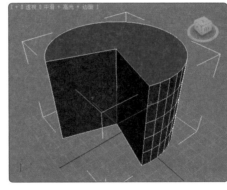

图 3-7　　　　　　　　　　　　　　　　图 3-8

> **提示**　调整模型的分段数可以设置模型的平滑度，分段数越大模型越平滑。

③ 圆锥体

依次单击"⚹（创建）> ◯（几何体）> 标准基本体 > 圆锥体"按钮，按住鼠标左键并拖曳，在场景中确定圆锥体的"半径 1"，效果如图 3-9 所示。释放鼠标左键，向上移动鼠标指针，单击确定圆锥体的"高度"，效果如图 3-10 所示。向圆心移动鼠标指针，确定圆锥体的"半径 2"，效果如图 3-11 所示，单击视图的任意位置，完成圆锥体的创建。

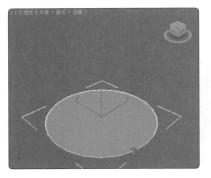 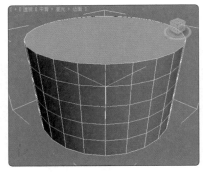 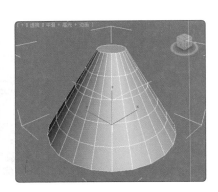

图3-9　　　　　　　　　　　图3-10　　　　　　　　　　　图3-11

在"参数"卷展栏中设置参数，如图3-12所示。

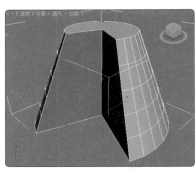 

图3-12

④ 圆环

依次单击"　（创建）>　（几何体）>标准基本体 >圆环"按钮，按住鼠标左键并拖曳，在场景中确定"半径1"，释放鼠标左键，移动鼠标指针确定"半径2"，单击完成圆环的创建，效果如图3-13所示。

圆环的参数设置和完成的效果如图3-14所示。

 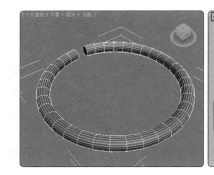

图3-13　　　　　　　　　　　图3-14

⑤ 管状体

依次单击"　（创建）>　（几何体）>标准基本体 >管状体"按钮，按住鼠标左键并拖曳，在场景中确定管状体的"半径1"，释放鼠标左键，移动鼠标指针确定管状体的"半径2"，单击后拖曳鼠标指针设置管状体的"高度"，然后单击完成管状体的创建，如图3-15所示。

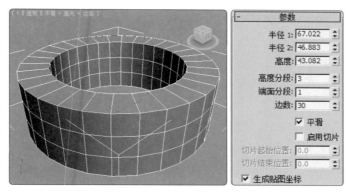

图 3-15

3.1.4　任务实施

（1）启动 3ds Max 2014，依次单击"　（创建）＞　（几何体）＞标准基本体＞圆柱体"按钮，在顶视图中创建圆柱体，在"参数"卷展栏中设置"半径"为 700，"高度"为 30，"边数"为 40，如图 3-16 所示。

（2）依次单击"　（创建）＞　（几何体）＞标准基本体＞长方体"按钮，在顶视图中创建长方体作为底部支架模型，在"参数"卷展栏中设置"长度"为 50，"宽度"为 1000，"高度"为 60，如图 3-17 所示。

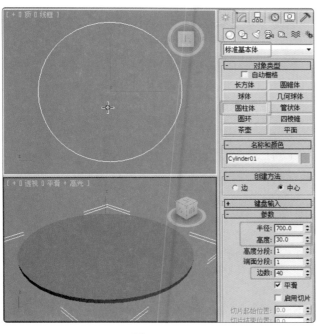

图 3-16

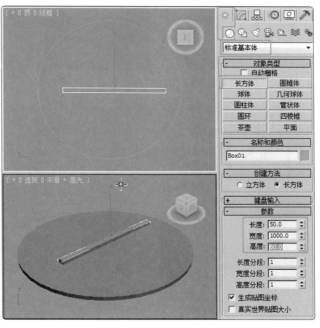

图 3-17

（3）复制长方体，切换到"修改"命令面板，在"参数"卷展栏中设置"长度"为 50，"宽度"为 50，"高度"为 330，调整其至合适的位置，如图 3-18 所示。

（4）继续复制长方体，并将其调整到合适的位置，效果如图 3-19 所示。

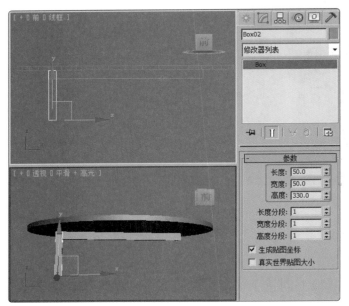
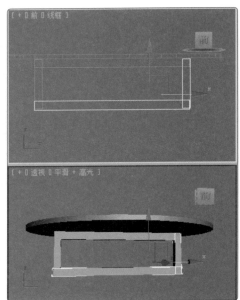

图 3-18　　　　　　　　　　　　　　　　　　图 3-19

（5）将制作出的所有长方体成组并复制，调整至合适的角度和位置，完成的场景模型的创建，效果如图 3-20 所示。

图 3-20

提示　　在设置模型的旋转效果时，可以打开角度捕捉切换，设置进行旋转操作时的角度变化间隔，系统默认以 5° 作为增量进行调整。

3.1.5　扩展实践：制作时尚圆桌模型

　　本实践是制作时尚圆桌模型，先使用"圆柱体"工具创建圆形的桌面；然后使用"圆锥体"工具创建支架，犹如要融入地面的雨滴；最后使用"圆环""球体""圆柱体"工具制作桌腿和装饰模型。模型效果参看云盘中的"场景＞Cha03＞时尚圆桌.max"文件，如图 3-21 所示。

图 3-21

微课

制作时尚
圆桌模型

任务 3.2 制作筒式壁灯模型

微课

制作筒式
壁灯模型

3.2.1 任务引入

本任务是制作筒式壁灯模型，要求将灯罩设计为筒式透明的玻璃灯罩，并采用不锈钢支架，使壁灯更具现代气息。

3.2.2 设计理念

设计时，使用管状体制作灯罩，使用胶囊制作灯泡，使用圆柱体制作灯座、灯托和灯罩支架，使用切角圆柱体制作连接装饰，使筒式壁灯既符合设计要求，又具有现代气息。模型效果参看云盘中的"场景 > Cha03 > 筒式壁灯 .max"文件，如图 3-22 所示。

图 3-22

3.2.3 任务知识：扩展几何体的创建

① 切角长方体

切角长方体与长方体的区别在于切角长方体可以设置圆角。

依次单击"💥（创建）> ◎（几何体）> 扩展基本体 > 切角长方体"按钮，按住鼠标左键并拖曳，在场景中确定切角长方体的"长度"和"宽度"，如图 3-23 所示。释放鼠标左键，向上拖曳鼠标指针确定切角长方体的"高度"，单击确定，效果如图 3-24 所示，移动鼠标指针设置切角长方体的"圆角"，单击结束创建，效果如图 3-25 所示。

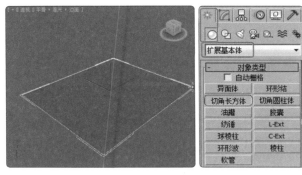

图 3-23

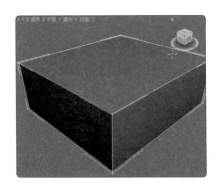

图 3-24

在切角长方体的"参数"卷展栏中，"圆角分段"用于设置圆角的平滑程度，如图 3-26 所示。

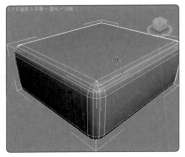

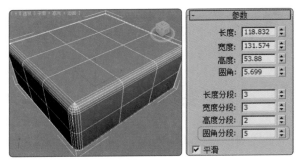

图 3-25　　　　　　　　　　　　　　　　　　图 3-26

 胶囊

依次单击"❋（创建）> ◯（几何体）> 扩展基本体 > 胶囊"按钮，按住鼠标左键并拖曳，在场景中创建胶囊球体的"半径"，释放鼠标左键，向上拖曳鼠标指针确定胶囊的"高度"，单击完成创建，如图 3-27 所示。

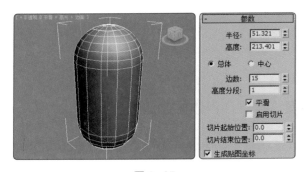

图 3-27

3 **切角圆柱体**

切角圆柱体与圆柱体的区别在于切角圆柱体可以设置圆角。

依次单击"❋（创建）> ◯（几何体）> 扩展基本体 > 切角圆柱体"按钮，按住鼠标左键并拖曳，在场景中确定切角圆柱体的"半径"，如图 3-28 所示。释放鼠标左键，向上拖曳鼠标指针确定切角圆柱体的"高度"，单击确认，效果如图 3-29 所示，移动鼠标指针设置切角圆柱体的"圆角"，单击结束创建，效果如图 3-30 所示。在切角圆柱体的"参数"卷展栏中，"圆角分段"用于设置圆角的平滑程度，"边数"用于调整边的平滑程度，如图 3-31 所示。

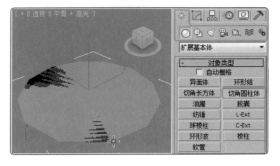

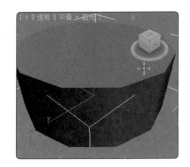

图 3-28　　　　　　　　　　　　　　　　　　图 3-29

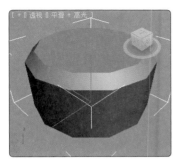

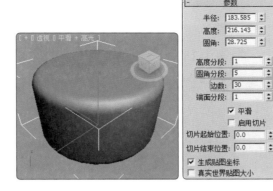

图 3-30　　　　　　　　　　　　　　　图 3-31

3.2.4　任务实施

（1）启动 3ds Max 2014，依次单击"　（创建）＞　（几何体）＞标准基本体＞管状体"按钮，在顶视图中创建管状体作为灯罩。在"参数"卷展栏中设置"半径 1"为 150，"半径 2"为 155，"高度"为 240，"高度分段"为 1，"端面分段"为 1，"边数"为 32，如图 3-32所示。

（2）依次单击"　（创建）＞　（几何体）＞标准基本体＞圆柱体"按钮，在前视图中创建圆柱体作为灯座。在"参数"卷展栏中设置"半径"为 100，"高度"为 10，"高度分段"为 1，"端面分段"为 1，"边数"为 30，调整模型至合适的位置，如图 3-33 所示。

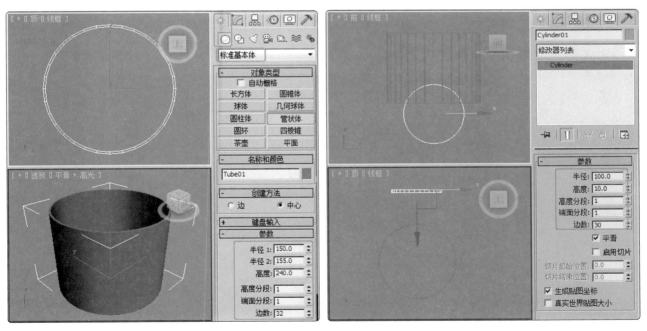

图 3-32　　　　　　　　　　　　　　　图 3-33

（3）在顶视图中创建圆柱体作为灯托模型，在"参数"卷展栏中设置"半径"为 30，"高度"为 50，在场景中调整模型的位置，如图 3-34 所示。

（4）依次单击"█（创建）> ◯（几何体）>扩展基本体 > 胶囊"按钮，在顶视图中创建胶囊作为灯泡模型，在"参数"卷展栏中设置"半径"为18，"高度"为150，调整模型至合适的位置，如图3-35所示。

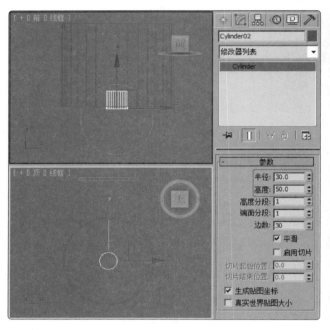
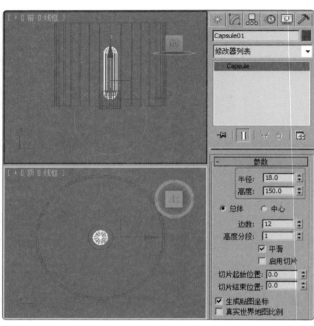

图3-34　　　　　　　　　　　　　　　　　　　　图3-35

（5）在前视图中创建圆柱体作为灯罩支架模型，在"参数"卷展栏中设置"半径"为2，"高度"为125，调整模型至合适的位置，如图3-36所示。

（6）切换到"层次"命令面板，在"调整轴"卷展栏中单击"仅影响轴"按钮，在顶视图中调整轴点的位置，如图3-37所示，再次单击"仅影响轴"按钮，关闭此功能。

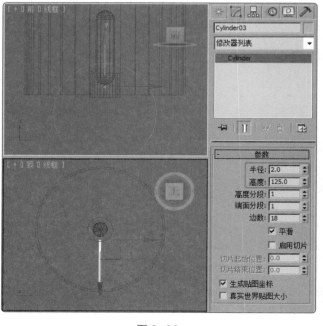
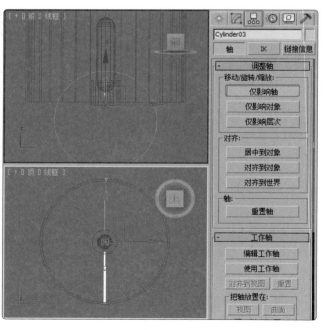

图3-36　　　　　　　　　　　　　　　　　　　　图3-37

（7）在工具栏中单击"选择并旋转"按钮 和"角度捕捉切换"按钮 ，在顶视图中使用旋转复制法复制模型。旋转至120°时释放鼠标左键，在弹出的对话框中设置"副本数"为2，单击"确定"按钮，如图3-38所示。

（8）依次单击" （创建）> （图形）>样条线>线"按钮，在左视图中创建图3-39所示的线。

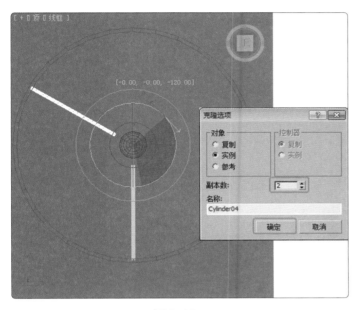

图 3-38

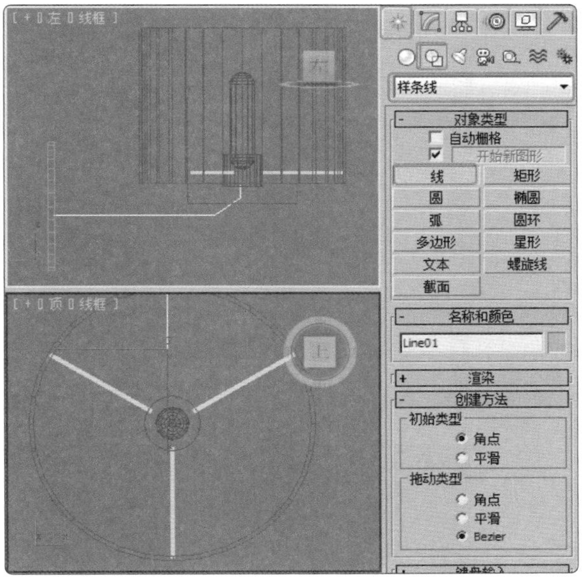

图 3-39

（9）切换到"修改"命令面板，将"Line（线）"的选择集定义为"顶点"，选择需要调整的顶点，单击鼠标右键，在弹出的快捷菜单中选择"Bezier角点"命令，通过调整控制手柄调整顶点，如图3-40所示。

（10）关闭选择集，在"渲染"卷展栏中勾选"在渲染中启用"和"在视口中启用"复选框，选择"渲染"单选按钮，设置渲染类型为"径向"，设置"厚度"为20，如图3-41所示。

（11）依次单击" （创建）> （几何体）>扩展基本体>切角圆柱体"按钮，在前视图中创建切角圆柱体作为连接装饰。在"参数"卷展栏中设置"半径"为15，"高度"为10，"圆

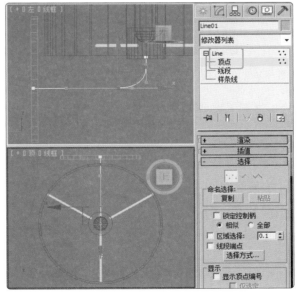

图 3-40

角"为5，"圆角分段"为3，"边数"为20，调整模型至合适的位置，如图3-42所示。

（12）复制连接装饰模型，调整模型的角度和位置，效果如图3-43所示。

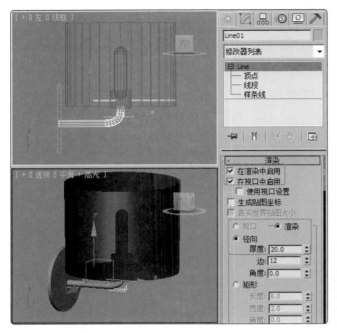

图 3-41

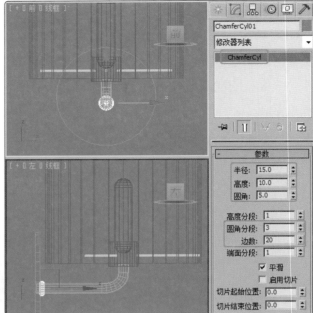

图 3-42

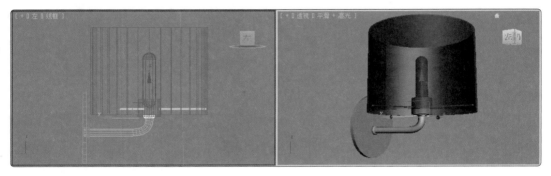

图 3-43

3.2.5 扩展实践：制作沙发床模型

本实践是制作沙发床模型，主要使用切角长方体制作沙发床造型，在制作过程中会使用到样条线的一些工具和命令。模型效果参看云盘中的"场景 > Cha03 > 沙发床 .max"文件，如图 3-44 所示。

图 3-44

微课

制作沙发床
模型

任务 3.3　项目演练：制作圆凳模型

3.3.1　任务引入

本任务是制作圆凳模型，要求圆凳的凳面采用布艺材质，整体风格简约，突出布艺材质的舒适感。

3.3.2　设计理念

设计时，采用斜撑的支架，使用倒角圆柱体做出凳面，突出舒适性和稳固性；布艺材质为圆凳增加了温馨感。模型效果参看云盘中的"场景 > Cha03 > 圆凳 .max"文件，如图 3-45 所示。

图 3-45

微课

制作圆凳模型

04

项目4

制作基础室内模型
——编辑二维图形

本项目主要介绍二维图形的创建和参数的修改方法。通过本项目的学习，读者可以进一步掌握创建二维图形的方法和技巧，并能根据实际需要绘制出精美的二维图形。

学习引导

知识目标

- 了解二维图形的绘制工具
- 了解二维图形参数的修改方法

能力目标

- 掌握二维图形的创建方法
- 掌握二维图形的编辑方法

素养目标

- 培养细致的观察能力
- 培养对二维图形的设计能力

实训项目

- 制作中式画框模型
- 制作调料架模型
- 制作便签夹模型

任务 4.1　制作中式画框模型

微课

制作中式
画框模型

4.1.1　任务引入

本任务是制作中式画框模型，要求画框的边框采用中式花纹，使画框具有古典、雅致感。

4.1.2　设计理念

设计时，使用可渲染的矩形和线制作中式雕刻图案，充分体现出中式风格的庄重效果。模型效果参看云盘中的"场景 > Cha04 > 中式画框 .max"文件，如图 4-1 所示。

图 4-1

4.1.3　任务知识：线和矩形

① 线

线的创建是学习创建其他二维图形的基础。线的参数与可编辑样条线的相同，其他的二维图形基本都是使用"转换为可编辑样条线"命令或"编辑样条线"修改器来编辑的。

使用线可以创建出任何形状的图形，包括开放型和封闭型的样条线。创建线后，还可以调整顶点、线段和样条线来编辑其形态。下面介绍线的创建及参数设置方法。

◎ 创建样条线

依次单击"▓（创建）> ▣（图形）> 样条线 > 线"按钮，在场景中单击创建线第 1 个点，效果如图 4-2 所示。移动鼠标指针，单击创建第 2 个点，效果如图 4-3 所示。如果要创建闭合图形，可以将鼠标指针移到第 1 个点上单击，弹出图 4-4 所示的对话框，单击"是"按钮，即可创建闭合的样条线。在创建非闭合的样条线时，在创建完最后的点后，单击鼠标右键即可完成样条线的创建。

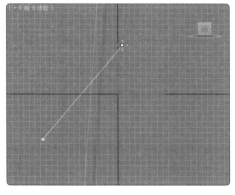

图 4-2

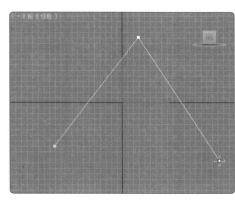

图 4-3

　　选择"线"工具，在场景中按住鼠标左键并拖曳鼠标绘制出的就是一条弧形线，效果如图 4-5 所示。

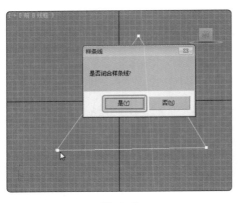
图 4-4

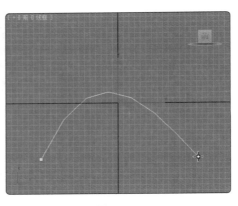
图 4-5

◎ 通过"修改"命令面板修改图形的形状

　　使用线创建闭合图形后，切换到 （修改）命令面板，将"Line"的选择集定义为"顶点"，如图 4-6 所示，调整顶点可以改变图形的形状。

　　选择需要调整的顶点，单击鼠标右键，弹出图 4-7 所示的快捷菜单，从中可以选择顶点的调节方式。

　　图 4-8 所示为选择"Bezier角点"命令的效果，Berier 角点有两个控制手柄，可以分别调整这两个控制手柄来调整两边线段的弧度。

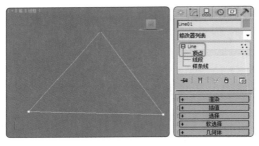
图 4-6

图 4-7

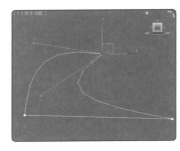
图 4-8

　　图 4-9 所示为选择"Bezier"命令的效果，所选项点处出现两个控制手柄，这两个控制手柄是相互关联的。

　　图 4-10 所示为选择"平滑"命令的效果，平滑顶点没有控制手柄，而是将连接顶点的两条线段转换为曲线，并将顶点处进行了平滑处理。

提示　　　　调整图形的形状后，图形不是很平滑，可以在"差值"卷展栏中设置"步数"来进一步调整图形。

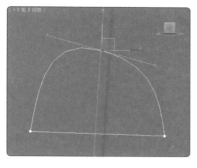
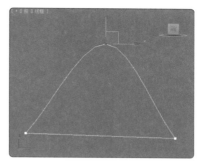

图 4-9　　　　　　　　　　　　　　　图 4-10

2 矩形

矩形的创建方法非常简单，依次单击"　（创建）>　（图形）> 样条线 > 矩形"按钮，按住鼠标左键并拖曳，在场景中创建矩形，释放鼠标左键，完成矩形的创建，如图 4-11 所示。

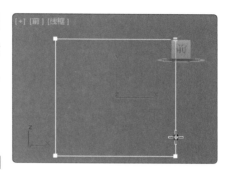

4.1.4 任务实施

（1）启动 3ds Max 2014，依次单击"　（创建）>　（图形）> 样条线 > 矩形"按钮，在前视图中创建可渲染的矩

图 4-11

形。在"参数"卷展栏中设置"长度"为 280，"宽度"为 140，在"渲染"卷展栏中勾选"在渲染中启用"和"在视口中启用"复选框，设置"径向"的"厚度"为 6，如图 4-12 所示。

（2）在前视图中创建可渲染的矩形。在"参数"卷展栏中设置"长度"为 245，"宽度"为 105，在"渲染"卷展栏中勾选"在渲染中启用"和"在视口中启用"复选框，设置"径向"的"厚度"为 5，调整模型至合适的位置，如图 4-13 所示。

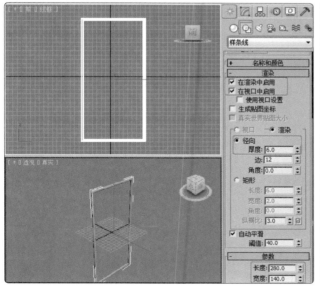
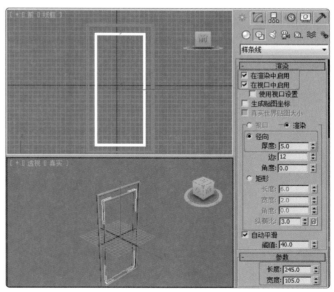

图 4-12　　　　　　　　　　　　　　　图 4-13

（3）在前视图中创建图4-14所示的可渲染的样条线。在"渲染"卷展栏中勾选"在渲染中启用"和"在视口中启用"复选框，设置"径向"的"厚度"为2，并调整线的位置。

（4）选择其中一条可渲染的样条线，切换到"修改"命令面板。将选择集定义为"样条线"，在"几何体"卷展栏中单击"附加"按钮，附加其他几条可渲染的样条线，如图4-15所示。

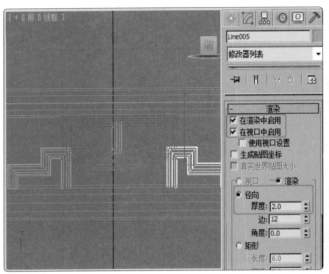
图4-14

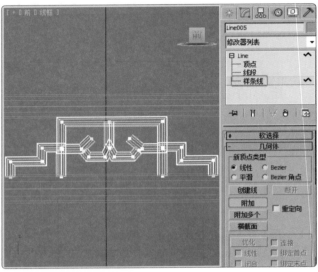
图4-15

（5）复制附加样条线后的模型，使用"选择并移动""选择并旋转""角度捕捉切换""镜像"等工具调整复制出的模型的位置，效果如图4-16所示。

（6）在前视图中创建图4-17所示的可渲染的样条线。在"渲染"卷展栏中勾选"在渲染中启用"和"在视口中启用"复选框，设置"径向"的"厚度"为2，并调整线的位置。

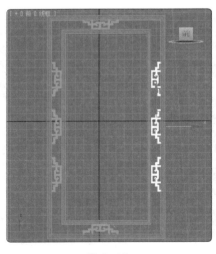

图4-16

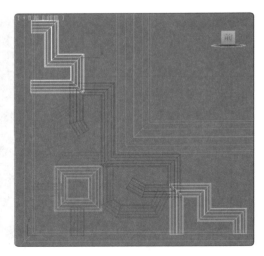
图4-17

（7）选择其中一条可渲染的样条线，切换到"修改"令面板。将选择集定义为"样条线"，在"几何体"卷展栏中单击"附加"按钮，附加其他几条可渲染的样条线，如图4-18

所示。

（8）复制模型，并调整模型至合适的位置，效果如图 4-19 所示。

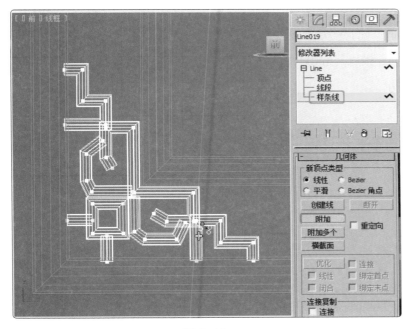

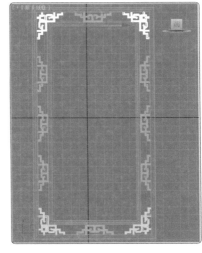

<table>
</table>

图 4-18   图 4-19

（9）依次单击"　（创建）>　（几何体）>标准基本体 > 长方体"按钮，在前视图中创建长方体。在"参数"卷展栏中设置"长度"为 245，"宽度"为 105，"高度"为 0.5，并调整模型至合适的位置，如图 4-20 所示。

（10）复制中式画框模型，并调整模型的位置，效果如图 4-21 所示。

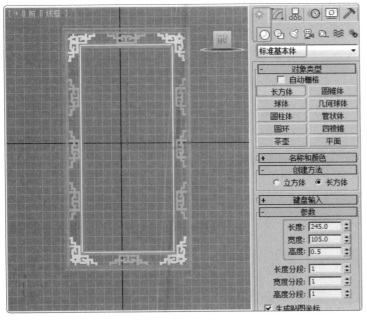

图 4-20   图 4-21

4.1.5　扩展实践：制作回形针模型

本实践是制作回形针模形，主要使用可渲染的样条线来绘制，结合样条线中的"切角"工具完成。模型效果参看云盘中的"场景 > Cha04 > 回形针 .max"文件，如图4-22所示。

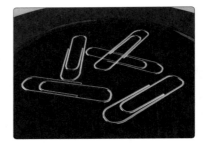

微课

制作回形针模型

图 4-22

任务 4.2　制作调料架模型

微课

制作调料架模型

4.2.1　任务引入

本任务是制作弧形铁艺调料架模型，要求模型外形流畅、美观，材质呈现光泽感。

4.2.2　设计理念

设计时，先创建椭圆、圆和弧，通过柔美的弧形带给人轻松、舒适、自然的感觉，再在弧形的结构上设计一些圆环，作为放置调料瓶的钢圈。模型效果参看云盘中的"场景 > Cha04 > 调料架 .max"文件，如图4-23所示。

图 4-23

4.2.3　任务知识：弧和圆

① 弧

依次单击"　（创建）>　（图形）> 样条线 > 弧"按钮，将鼠标指针移到视图中，按住鼠标左键并拖曳，视图中生成一条直线，效果如图4-24所示，释放鼠标左键，移动鼠标指针，调整弧的大小，效果如图4-25所示。在适当的位置单击，弧创建完成，效果如图4-26所示。图4-26所示为以"端点－端点－中央"方式创建的弧。

图 4-24

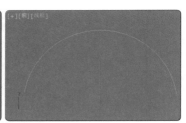

图 4-25

图 4-26

② 圆

依次单击"■（创建）> ⊙（图形）> 样条线 > 圆"按钮，将鼠标指针移到视图中，按住鼠标左键拖曳鼠标，在视图中生成一个圆，移动鼠标调整圆的大小，在适当的位置释放鼠标左键，圆创建完成，效果如图 4-27 所示。

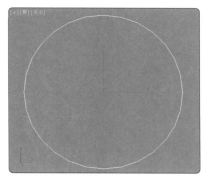

图 4-27

4.2.4 任务实施

（1）启动 3ds Max 2014，依次单击"■（创建）> ⊙（图形）> 样条线 > 弧"按钮，按住鼠标左键并拖曳，在前视图中的合适位置释放鼠标左键，单击确定，完成弧的创建，如图 4-28 所示。为创建的弧设置合适的参数，并设置其可渲染属性。

（2）依次单击"■（创建）> ⊙（图形）> 样条线 > 椭圆"按钮，设置合适的参数，在顶视图中创建可渲染的椭圆，如图 4-29 所示。

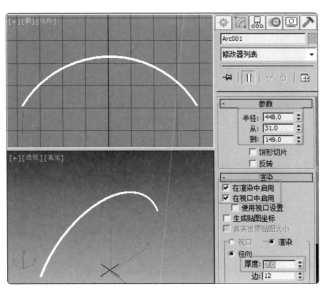

图 4-28

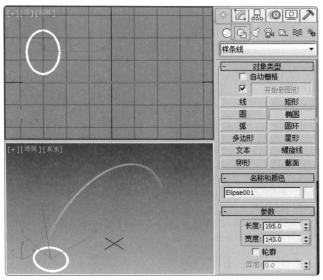

图 4-29

（3）依次单击"■（创建）> ⊙（图形）> 样条线 > 圆"按钮，在顶视图中创建可渲染的圆，如图 4-30 所示。

（4）在场景中调整模型的位置，效果如图 4-31 所示。

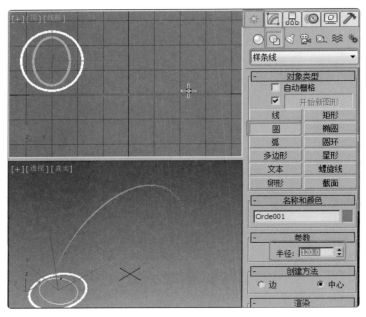

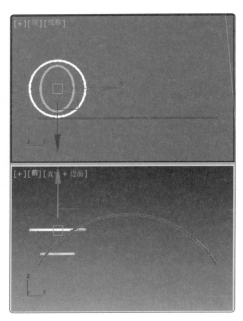

图 4-30　　　　　　　　　　　　　　　　　图 4-31

（5）依次单击"■（创建）> ⊡（图形）> 样条线 > 线"按钮，在顶视图中创建可渲染的样条线，效果如图 4-32 所示。

（6）在顶视图中复制模型，并在其他视图中调整模型的位置，效果如图 4-33 所示。

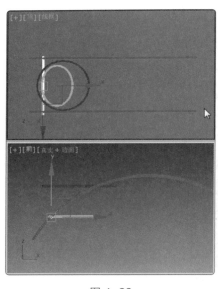

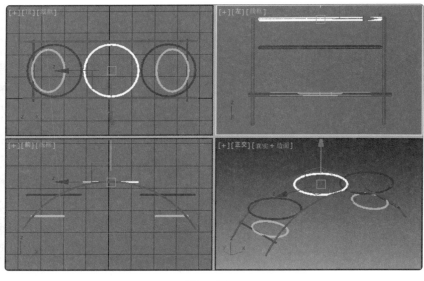

图 4-32　　　　　　　　　　　　　　　　　图 4-33

（7）创建可渲染的椭圆，并为其设置合适的参数，如图 4-34 所示。

（8）依次单击"■（创建）> ◎（几何体）> 标准基本体 > 球体"按钮，在顶视图中创建球体，并为其设置合适的参数，如图 4-35 所示。

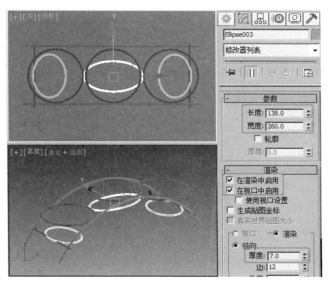

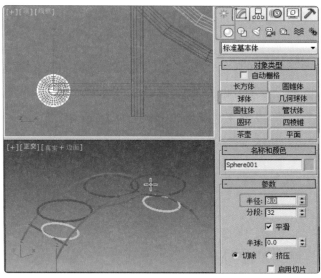

图 4-34　　　　　　　　　　　　　　　　　　　图 4-35

（9）调整模型的位置，完成调料架的制作，效果如图 4-36 所示。

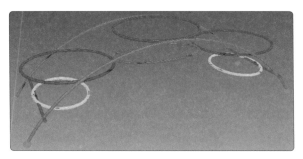

图 4-36

4.2.5　扩展实践：制作扇形画框模型

本实践是制作扇形画框模型，可使用可渲染的弧和线，通过调整和组合来完成扇形画框模型的制作。模型效果参看云盘中的"场景 > Cha04 > 扇形画框 .max"文件，如图 4-37 所示。

微课

制作扇形画框模型

图 4-37

任务 4.3　制作便签夹模型

4.3.1　任务引入

本任务是制作便签夹模型，要求便签夹的形状独特，富有创意。

微课

制作便签夹模型

4.3.2 设计理念

设计时，使用螺旋线创建便签架的支架，既有创意，又能多放便签，实用性较强；使用切角长方体制作底座，兼顾稳定性与美观性。模型效果参看云盘中的"场景 > Cha04 > 便签夹 .max"文件，如图 4-38 所示。

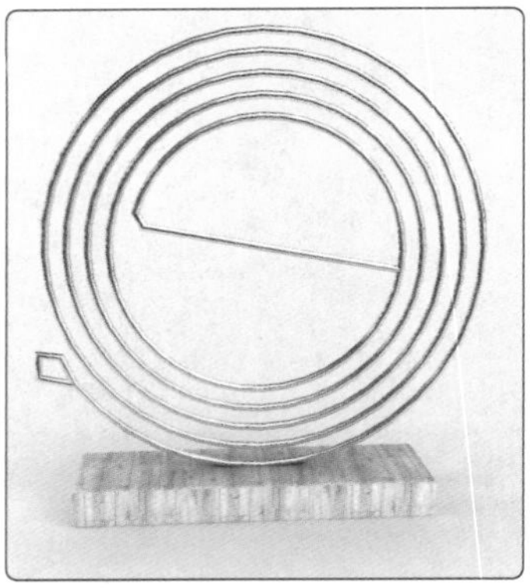

4.3.3 任务知识：螺旋线

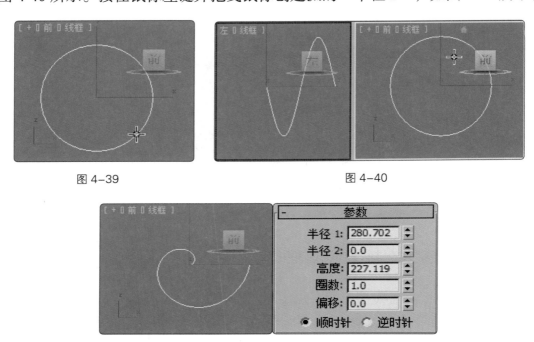

图 4-38

依次单击" > > 样条线 > 螺旋线"按钮，在场景中按住鼠标左键并拖曳鼠标创建弧的"半径 1"，效果如图 4-39 所示。释放鼠标左键，创建弧的"高度"，效果如图 4-40 所示。按住鼠标左键并拖曳鼠标创建弧的"半径 2"，如图 4-41 所示。

图 4-39

图 4-40

图 4-41

4.3.4 任务实施

（1）启动 3ds Max 2014，依次单击" > > 样条线 > 螺旋线"按钮，在前视图中创建螺旋线。在"参数"卷展栏中设置"半径 1"为 90，"半径 2"为 50，"高度"为 0，"圈数"为 5，"偏移"为 0；在"渲染"卷展栏中勾选"在渲染中启用"和"在视口中启用"复选框，设置"厚度"为 3，如图 4-42 所示。

（2）切换到"修改"命令面板，在"修改器列表"下拉列表框中选择"编辑样条线"修改器，将选择集定义为"顶点"，在前视图中调整螺旋线的顶点，如图 4-43 所示。

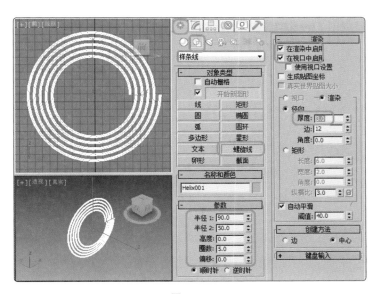

图 4-42　　　　　　　　　　　　　　　　　　　图 4-43

（3）调整好螺旋线的形状后，在顶视图中创建切角长方体。在"参数"卷展栏中设置"长度"为 45，"宽度"为 138，"高度"为 15，"圆角"为 2，"圆角分段"为 2，如图 4-44 所示。

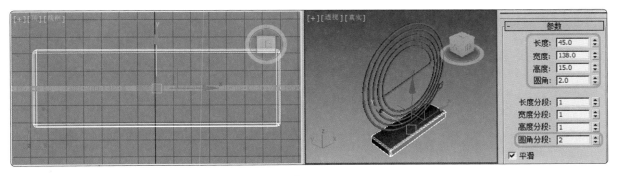

图 4-44

4.3.5　扩展实践：制作螺钉模型

本实践是制作螺钉模型。先使用圆柱体制作螺钉的主体部分，再通过创建可渲染的螺旋线来实现螺纹效果，最后通过设置合适的参数制作出螺钉模型。模型效果参看云盘中的"场景 > Cha04 > 螺钉 .max"文件，如图 4-45 所示。

图 4-45

微课

制作螺钉模型

任务 4.4　项目演练：制作吧凳模型

4.4.1　任务引入

本任务是制作吧凳模型，要求吧凳的风格时尚、简约，支架具有金属质感。

4.4.2　设计理念

设计时，吧凳的坐垫采用鲜艳的颜色，给人带来愉悦感；支架使用铁艺工艺，富有光泽感的材质凸显现代风格。模型效果参看云盘中的"场景 > Cha04 > 吧凳 .max"文件，效果如图 4-46 所示。

图 4-46

微课

制作吧凳模型

项目5

制作基础室内模型
——编辑三维模型

05

现实中的物体造型千变万化，当简单的几何体和线型无法满足需要时，我们可以使用三维修改器来完成复杂模型的制作。3ds Max提供了很多三维修改器，使用这些修改器几乎可以创建任意模型。本项目重点介绍如何编辑三维模型。通过本项目的学习，读者可以熟练掌握制作基础室内模型的方法和技巧。

 学习引导

📺 知识目标

- 了解三维模型的创建方法
- 了解常用三维修改器命令

📝 能力目标

- 掌握常用三维修改器命令的使用方法
- 掌握常用三维修改器命令的参数设置

📑 素养目标

- 培养空间想象能力
- 培养对三维模型的设计能力

📊 实训项目

- 制作收纳盒模型
- 制作盘子模型

任务 5.1　　制作收纳盒模型

5.1.1　任务引入

本任务是制作一个收纳盒，要求收纳盒既实用又美观，可以装饰环境。

5.1.2　设计理念

设计时，使用铁艺结合布艺来制作，铁艺支架使用较为柔和的线条组合出"X"形状，造型别致；储物盒使用蓝色布料，营造温馨感。模型效果参看云盘中的"场景 > Cha05 > 收纳盒.max"文件，如图5-1所示。

5.1.3　任务知识：修改器

图 5-1

1 "编辑样条线"修改器

使用3ds Max提供的"编辑样条线"修改器可以很方便地把一条简单的样条线变成复杂的样条线。使用线创建的曲线或图形默认添加了"编辑样条线"修改器。除了用线创建的图形以外，为二维图形添加"编辑样条线"修改器的方法有以下两种。

方法一：在"修改器列表"下拉列表框中选择"编辑样条线"修改器。

方法二：在创建的图形上单击鼠标右键，在弹出的快捷菜单中选择"转换为 > 转换为可编辑样条线"命令。

"编辑样条线"修改器可以对样条线的顶点、线段和样条线进行编辑，"几何体"卷展栏会根据不同选择集提供相应的编辑功能。下面介绍在任意选择集下都可以使用的按钮。

● **"创建线"按钮**：单击该按钮，可以在当前二维样条线的基础上创建新的样条线，新创建的样条线与被选中的样条线是一个整体。

● **"附加"按钮**：单击该按钮，可以将一个样条线附加到当前样条线中，使其成为一个样条线，拥有共同的修改面板和参数。勾选"重定向"复选框可以将操作之后选择的样条线移动到操作之前选择的样条线位置。

● **"附加多个"按钮**：单击该按钮，弹出"附加多个"对话框，可以将场景中的所有二维样条线结合到当前选中的二维样条线中。

● **"插入"按钮**：单击该按钮，可以在选择的线条中插入新的点，不断单击便不断插入新点，单击鼠标右键可停止插入，插入的点会改变曲线的形态。

◎ 顶点

在"顶点"选择集的编辑状态下，"几何体"卷展栏中有一些针对该选择集的编辑按钮，如图 5-2 所示。下面介绍部分按钮的功能。

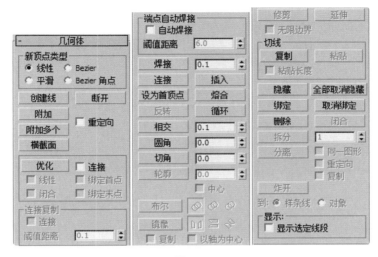

图 5-2

● "断开"按钮：单击该按钮，可以将选择的顶点打断，原来由该顶点连接的线条在此处断开，产生两个顶点。

● "优化"按钮：单击该按钮，可以在选择的线条中需要加点处加入新的点，且不会改变曲线的形状。此操作常用来圆滑局部曲线。

● "焊接"按钮：单击该按钮，可以将两个或多个顶点焊接。该功能只能焊接开放的顶点，焊接的范围由该按钮后面的数值决定。

● "连接"按钮：单击该按钮，可以将两个顶点连接，在两个顶点中间生成一条新的连接线。

● "圆角"按钮：单击该按钮，可以对选中的顶点进行圆角处理。选中顶点后，通过设置按钮后面的数值来实现圆角，如图 5-3 所示。

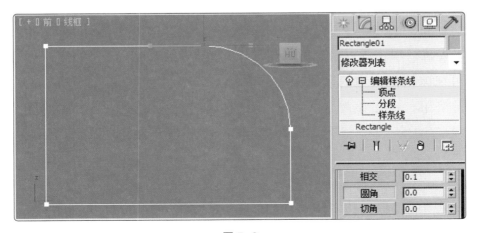

图 5-3

● **"切角"按钮**：单击该按钮，可以对选中的顶点进行切角处理，如图 5-4 所示。

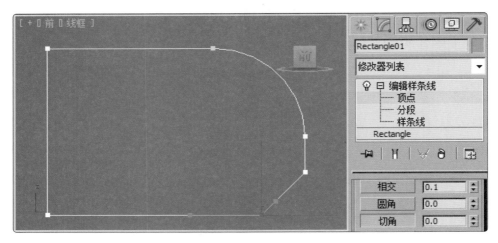

图 5-4

◎ 分段

在修改器堆栈中选择"分段"选择集，"几何体"卷展栏中针对该选择集的命令将处于可用状态，如图 5-5 所示。下面介绍常用的按钮。

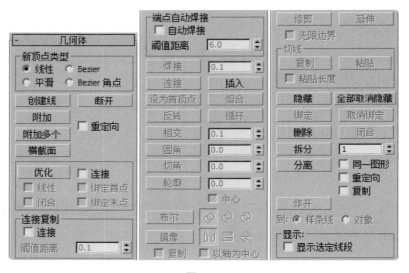

图 5-5

● **"拆分"按钮**：单击该按钮，可在选择的分段中插入相应的等分点等分所选的分段。插入点的数量可在该按钮右边的数值框中输入。

● **"分离"按钮**：单击该按钮，可以将选择的分段分离出去，使其成为一个独立的图形实体。该按钮右边的"同一图形""重定向""复制"3 个复选框用于控制分离操作时的具体情况。

◎ 样条线

在修改器堆栈中选择"样条线"选择集，"几何体"卷展栏如图 5-6 所示。下面介绍常用的按钮。

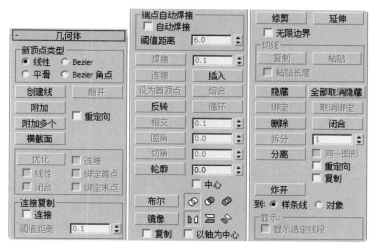

图 5-6

● **"轮廓"按钮**：单击该按钮，可以对选择的样条线进行双线勾边以形成轮廓。如果选择的样条线为非封闭样条线，则在加轮廓时会自动封闭样条线。

● **"布尔"按钮**：单击该按钮，可以对经过结合操作的多条样条线进行运算，其中有"并集" ⊗、"差集" ⊗ 和"交集" ⊗ 运算按钮。布尔运算必须在同一个二维图形之内进行，选择需要留下的样条线，单击"布尔"按钮，在视图中单击需要进行布尔运算的样条线，即可完成布尔运算。

下面对图 5-7 所示的图形进行布尔运算。图 5-8 所示是"并集"运算后的效果，图 5-9 所示是"差集"运算后的效果，图 5-10 所示是"交集"运算后的效果。

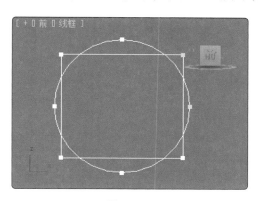

图 5-7

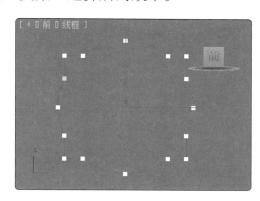

图 5-8

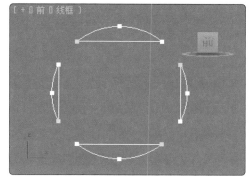

图 5-9

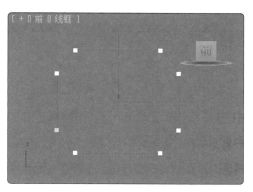

图 5-10

● **"修剪"按钮**：单击该按钮，可以修剪经过结合操作的多条相交样条线。

②"挤出"修改器

使用"挤出"修改器可以沿垂直于二维图形表面的方向为二维图形增加厚度，将二维图形变为三维模型。

③"对称"修改器

"对称"修改器在构建角色模型、船只或飞行器时特别有用。可以对任意几何体应用"对称"修改器，还可以设置修改器 Gizmo 的动画来为镜像或切片设置动画效果。图 5-11 所示是将半个茶壶使用"对称"修改器补全另一侧，从而完成整个茶壶制作的效果。

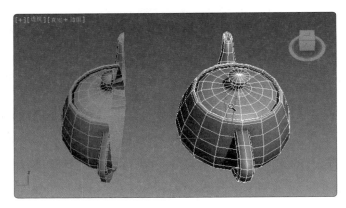

图 5-11

④"编辑多边形"修改器

◎可编辑多边形

"编辑多边形"修改器提供用于选定对象的不同选择集的显式编辑工具，多边形的选择集包括顶点、边、边界、多边形和元素。"编辑多边形"修改器包括可编辑多边形对象的大多数设置，但"顶点属性""细分曲面""细分置换"卷展栏除外。

"编辑多边形"是在"修改器列表"下拉列表框中为对象指定的修改器；而可编辑多边形是通过在对象上单击鼠标右键，在弹出的快捷菜单中选择"转换为 > 转换为可编辑多边形"命令实现的。

"编辑多边形"是建模中最常用的修改器之一，下面介绍常用卷展栏中的按钮和选项。

◎"编辑顶点"卷展栏

将当前选择集定义为"顶点"时，出现图 5-12 所示的"编辑顶点"卷展栏。

图 5-12

● **"移除"按钮**：单击该按钮，可以删除选中的顶点，并接合使用它们的多边形，快捷键为 Backspace。

提示

选择要删除的顶点，按 Delete 键，会在网格中创建一个或多个"洞"，效果如图5-13（a）所示；而"移除"顶点只是在网格中将该顶点删除，效果如图5-13（b）所示。

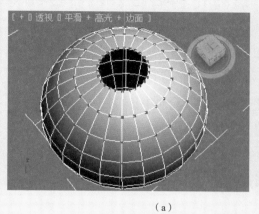 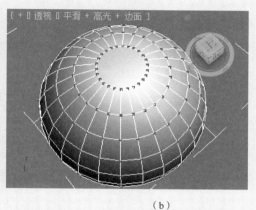

（a）   （b）

图 5-13

- **"断开"按钮**：单击该按钮，可以在与选定顶点相连的每个多边形上都创建一个新顶点，这可以使多边形的转角相互分开，使它们不再相连于原来的顶点上。如果顶点是孤立的或者只有一个多边形使用，则顶点不受影响。

- **"挤出"按钮**：单击该按钮，然后垂直拖曳需要挤出的顶点，即可挤出选择顶点的高度。单击"设置"按钮🔲，在弹出的对话框中可以精确设置挤出参数。

- **"焊接"按钮**：单击"设置"按钮🔲，在弹出的"焊接顶点"对话框中可以设置焊接值，可合并选中的顶点。

- **"切角"按钮**：单击该按钮，在活动对象中拖曳顶点，即可为顶点创建切角，效果如图5-14所示。在视图中选择需要设置切角的顶点，单击"设置"按钮🔲，在弹出的对话框中可以设置详细的参数。

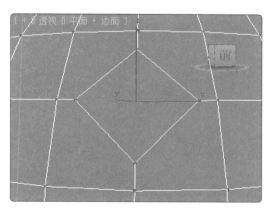

图 5-14

- **"目标焊接"按钮**：单击该按钮，可以选择一个顶点，并将它焊接到其相邻目标顶点上。

● **"连接"按钮**：单击该按钮，可以在选中的顶点对之间创建新的边。

● **"移除孤立顶点"按钮**：单击该按钮，可以将不属于任何多边形的顶点删除。

● **"移除未使用的贴图顶点"按钮**：某些建模操作会留下未使用的（孤立）贴图顶点，它们会显示在 UVW 编辑器中，但是不能用于贴图，单击此按钮可将这类顶点删除。

◎ "编辑边"卷展栏

将当前选择集定义为"边"时，出现"编辑边"卷展栏，如图 5-15 所示。

● **"插入顶点"按钮**：单击该按钮，可以手动细分可视的边。

● **"移除"按钮**：单击该按钮，可以选定边并接合使用这些边的多边形。

● **"分割"按钮**：单击该按钮，可以选定边分割网格。

● **"挤出"按钮**：单击该按钮，直接在视口中操作时，可以手动挤出边。单击"设置"按钮█，在弹出的对话框中可进行详细的设置。

● **"焊接"按钮**：单击该按钮，可以接合"焊接边"对话框中指定阈值范围内的选定边。

● **"切角"按钮**：单击该按钮，然后拖曳活动对象中的边，即可为所选边设置切角，效果如图 5-16 所示。单击"设置"按钮█，在弹出的对话框中可进行详细的设置。

图 5-15

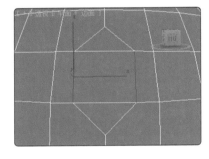

图 5-16

● **"目标焊接"按钮**：单击该按钮，可以选择边并将其焊接到目标边上。

● **"桥"按钮**：单击该按钮，可以使用多边形的"桥"连接对象的边。

● **"连接"按钮**：单击该按钮，可以使用当前的"连接边"对话框中的设置，在每对选定边之间创建新边。单击"设置"按钮█，弹出"连接边"对话框，在其中可进行相应设置。

● **"创建图形"按钮**：选择一条或多条边后，单击该按钮，可以通过选定的边创建样条线形状。

● **"编辑三角剖分"按钮**：单击该按钮，可以修改在绘制内边或对角线时，多边形细分为三角形的方式。

● **"旋转"按钮**：用于通过单击对角线修改多边形细分为三角形的方式。激活"旋转"模式时，对角线在线框和边面视图中显示为虚线，单击对角线可更改其位置。要退出"旋转"模式，可以在视口中单击鼠标右键或再次单击"旋转"按钮。

◎ "编辑边界"卷展栏

将当前选择集定义为"边界"时，出现"编辑边界"卷展栏，如图 5-17 所示。

图 5-17

● **"挤出"按钮**：单击该按钮，然后垂直拖曳任何边界，便可将其挤出。单击"设置"按钮■，在弹出的对话框中可进行详细的设置。

● **"插入顶点"按钮**：单击该按钮，可以手动细分边界边。

● **"切角"按钮**：单击该按钮，然后拖曳活动对象中的边界，即可为边界设置切角，不需要先选中边界。单击"设置"按钮■，在弹出的对话框中可进行详细的设置。

● **"封口"按钮**：单击该按钮，可以使用单个多边形封住整个边界环。

● **"桥"按钮**：单击该按钮，可以使用多边形的"桥"连接对象的两个边界。单击"设置"按钮■，在弹出的对话框中可进行详细的设置。

● **"连接"按钮**：单击该按钮，可以在每对选定边界之间创建新边。

● **"创建图形"按钮**：选择一条或多条边界后，单击该按钮，可通过选定的边创建样条线形状。

● **"编辑三角剖分"按钮**：单击该按钮，可以修改在绘制内边或对角线时，多边形细分为三角形的方式。要手动编辑三角剖分，可单击该按钮。单击多边形的一个顶点，会出现附着在鼠标指针上的橡皮筋线；单击不相邻的顶点，可为多边形创建新的三角剖分。

● **"旋转"按钮**：单击该按钮，将其激活，对角线在线框和边面视图中显示为虚线；单击对角线可更改其位置。要退出"旋转"模式，可以在视口中单击鼠标右键或再次单击"旋转"按钮。

◎ "编辑多边形"卷展栏

将当前选择集定义为"多边形"时，出现"编辑多边形"卷展栏，如图 5-18 所示。

图 5-18

● **"插入顶点"按钮**：单击该按钮，可以手动细分多边形，即使处于"元素"子对象层级，使用"插入顶点"按钮，同样可以细分出多边形。

● **"挤出"按钮**：单击该按钮，然后垂直拖曳任何多边形，便可将其挤出。单击"设置"按钮■，在弹出的对话框中可进行详细的设置。

● **"轮廓"按钮**：单击该按钮，可以增加或减少每组连续的选定多边形的外边，图 5-19 所示为设置的内收的轮廓。单击"设置"按钮■，在弹出的对话框中可进行详细的设置。

● **"倒角"按钮**：单击该按钮，可以直接在视口中执行手动倒角操作。单击"设置"按钮■，在弹出的对话框中可进行详细的设置。

● **"插入"按钮**：单击该按钮，可以执行没有高度的倒角操作，即在选定多边形的平面内执行该操作。单击该按钮，然后垂直拖曳任何多边形，便可将其插入，效果如图 5-20 所示。单击"设置"按钮■，在弹出的对话框中可进行详细的设置。

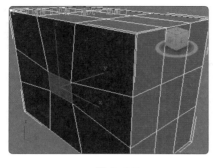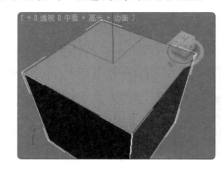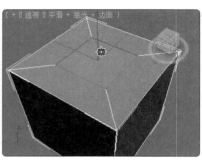

图 5-19   图 5-20

- **"桥"按钮**：单击该按钮，可以使用多边形的"桥"连接对象上的两个多边形或选定多边形。单击"设置"按钮■，在弹出的对话框中可进行详细的设置。

- **"翻转"按钮**：单击该按钮，可以翻转选定多边形的法线方向，从而使其面向用户。

- **"从边旋转"按钮**：单击该按钮，可以在视口中直接执行手动旋转操作。选择多边形，并单击该按钮，然后沿着垂直方向拖曳任何边，便可旋转选定的多边形，效果如图 5-21 所示。

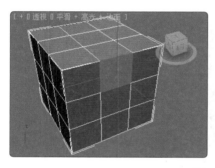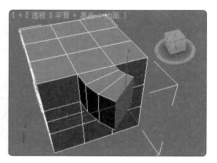

图 5-21

- **"沿样条线挤出"按钮**：单击该按钮，可以沿样条线挤出当前的选定内容。选择需要沿着挤出的多边形，单击"沿样条线挤出"按钮，然后在场景中选择样条线，便可挤出形状。使用样条线的当前方向，可以沿该样条线挤出选定内容，就好像该样条线的起点被移动每个多边形或组的中心一样。

- **"编辑三角剖分"按钮**：单击该按钮，可以通过绘制内边将多边形细分修改为三角形的方式。要手动编辑三角剖分，可单击该按钮。单击多边形的一个顶点，会出现附着在鼠标指针上的橡皮筋线；单击不相邻的顶点可为多边形创建新的三角剖分。

- **"重复三角算法"按钮**：单击该按钮，允许 3ds Max 自动对多边形或当前选定的多边形执行最佳的三角剖分操作。

- **"旋转"按钮**：单击该按钮，激活"旋转"模式时，对角线在线框视图和边面视图中显示为虚线，单击对象线可以更改对角线的位置。要退出"旋转"模式，可在视图中单击鼠标右键或再次单击"旋转"按钮。在指定时间，每条对角线只有两个可用的位置，因此连续单击某条对角线两次，即可将其恢复到原始的位置。但更改临近对角线的位置，会为对角线提供一个不同的位置。

◎ "编辑元素" 卷展栏

将当前选择集定义为 "元素" 时，出现 "编辑元素" 卷展栏，如图 5-22 所示。该卷展栏中的按钮与上面其他卷展栏中的按钮相同，参见上面的介绍即可。

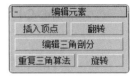

图 5-22

◎ "编辑几何体" 卷展栏

"编辑几何体" 卷展栏提供了用于更改多边形网格几何体的全局控制，如图 5-23 所示。

● **"重复上一个" 按钮**：单击该按钮，可以重复最近使用的命令。

● **"约束" 组**：可以使用现有的几何体约束子对象的变换。

● **"保持 UV" 复选框**：勾选该复选框后，可以编辑子对象，而不影响对象的 UV 贴图。单击 "设置" 按钮 ■，使用贴图通道对话框，可以指定要保持的顶点颜色通道和纹理通道（贴图通道）。

● **"创建" 按钮**：单击该按钮，可以创建新的几何体。该按钮的使用方式取决于当前子对象层级。

图 5-23

● **"塌陷" 按钮（仅限于 "顶点" "边" "边界" "多边形" 子对象层级）**：单击该按钮，可以使连续选定子对象的组产生塌陷。

● **"附加" 按钮**：单击该按钮，可以将场景中的其他对象附加到选定的可编辑多边形中。单击 "设置" 按钮 ■，弹出的对话框中将列出场景中能附加到该对象中的模型。

● **"分离" 按钮**：单击该按钮，可以将选定的子对象和附加到子对象的多边形等对象作为单独的对象或元素进行分离。

● **"切片平面" 按钮（仅限子对象层级）**：单击该按钮，可以为切片平面创建 Gizmo，可以定位和旋转它来指定切片位置。

● **"分割" 复选框**：勾选该复选框时，通过 "快速切片" 和 "切割" 操作，可以在划分边的位置处创建两个顶点集，从而可轻松删除要创建孔洞的新多边形。

● **"切片" 按钮（仅限子对象层级）**：单击该按钮，可以在切片平面位置处执行切片操作。只有启用 "切片平面" 按钮时，才能使用该按钮。

● **"重置平面" 按钮（仅限子对象层级）**：单击该按钮，可以将 "切片" 平面恢复到其默认位置和方向。只有启用 "切片平面" 按钮时，才能使用该按钮。

● **"快速切片" 按钮**：单击该按钮，可以将对象快速切片，而不操纵 Gizmo。选择对象并单击 "快速切片" 按钮，在切片的起点处单击一次，再在切片终点处单击一次即可。启用 "快速切片" 按钮时，可以继续对选定内容执行切片操作。

● **"切割"按钮**：单击该按钮，可以创建一个多边形到另一个多边形的边，或在多边形内创建边。单击起点并移动鼠标指针，至合适位置后单击，重复移动和单击，以便创建新的连接边。单击鼠标右键即可退出当前切割操作，然后可以开始新的切割，或者再次单击鼠标右键退出"切割"模式。

● **"网格平滑"按钮**：单击该按钮，可以使用当前设置平滑对象。它与"网格平滑"修改器中的"NURMS细分"类似，不同的是，单击此按钮会立即将平滑应用到控制网格的选定区域上。

● **"细化"按钮**：单击该按钮，可以根据细化设置细分对象中的所有多边形。

● **"平面化"按钮**：单击该按钮，可以强制所有选定的子对象成为共面。

● **"X""Y""Z"按钮**：单击这些按钮，可以平面化选定所有子对象，并使该平面与对象的局部坐标系中的相应平面对齐。

● **"视图对齐"按钮**：单击该按钮，可以使对象中的所有顶点与活动视口所在的平面对齐。

● **"栅格对齐"按钮**：单击该按钮，可以使选定的顶点与当前的构造平面对齐。在启用主栅格的情况下，当前平面由活动视口指定。使用栅格对象时，当前平面是活动的栅格对象。

● **"松弛"按钮**：单击该按钮，可以规格化网格空间，方法是朝着邻近对象的平均位置移动每个顶点，其工作方式与"松弛"修改器相同。

● **"隐藏选定对象"按钮（仅限于"顶点""多边形""元素"子对象层级）**：单击该按钮，可以隐藏任意所选子对象。

● **"全部取消隐藏"按钮（仅限于"顶点""多边形""元素"子对象层级）**：单击该按钮，可以还原任何隐藏子对象使之可见。

● **"隐藏未选定对象"按钮（仅限于"顶点""多边形""元素"子对象层级）**：单击该按钮，可以隐藏未选定的任意子对象。

● **"复制"按钮**：单击该按钮，可以在弹出的对话框中指定要放置在复制缓冲区中的命名选择集。

● **"粘贴"按钮**：单击该按钮，可以从复制缓冲区中粘贴命名选择集。

● **"删除孤立顶点"复选框（仅限于"边""边界""多边形""元素"子对象层级）**：勾选该复选框，可以在删除连续子对象的选择时，删除孤立顶点；取消勾选该复选框时，删除子对象会保留所有顶点。默认勾选该复选框。

◎ **"选择"卷展栏**

"选择"卷展栏如图5-24所示。下面介绍部分选项的功能。

图5-24

- ▨（顶点）按钮：单击该按钮，可以访问"顶点"子对象层级。可选择鼠标指针下的顶点，若选择区域，则会选择该区域中的顶点。

- ◿（边）按钮：单击该选项，可以访问"边"子对象层级。可选择鼠标指针下的边，若选择区域，则会选择该区域中的多条边。

- ◖（边界）按钮：单击该选项，可以访问"边界"子对象层级。可选择组成网格孔洞的边界的一系列边，边界总是由仅在一侧带有面的边组成的，并总是完整循环。例如，长方体一般没有边界，但茶壶对象有多个边界：在壶盖上、壶身上，以及壶柄上都有边界。如果创建一个圆柱体，然后删除一端，这一端的一行边将组成圆形边界。

- ▣（多边形）按钮：单击该按钮，可以访问"多边形"子对象层级。可选择鼠标指针下的多边形，若选择区域，则会选中区域中的多个多边形。

- ▱（元素）按钮：单击该按钮，可以访问"元素"子对象层级。可选择对象中的所有连续多边形，若选择区域，则用于选择多个元素。

- "按顶点"复选框：勾选该复选框，只有通过选择所用的顶点，才能选择子对象。单击顶点时，将选择使用该选定顶点的所有子对象。

- "忽略背面"复选框：勾选该复选框，选择子对象将只影响朝向用户的对象。

- "按角度"复选框：勾选该复选框并选择某个多边形时，可以根据该复选框右侧的角度设置选择邻近的多边形。该值可以确定要选择的邻近多边形之间的最大角度，仅在"多边形"子对象层级可用。

- "收缩"按钮：单击该按钮，可以通过取消选择最外部的子对象缩小子对象的选择区域，效果如图 5-25 所示。

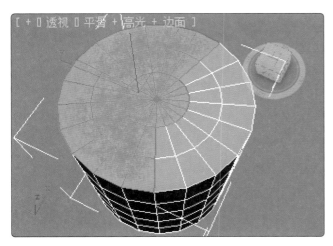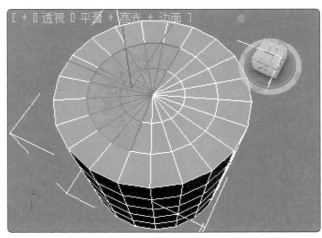

图 5-25

- "扩大"按钮：单击该按钮，可以朝所有可用方向外侧扩展选择区域，效果如图 5-26 所示。

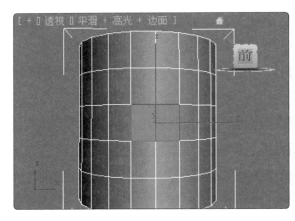
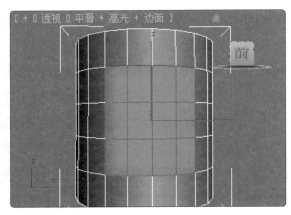

图 5-26

● **"环形"按钮**：单击该按钮，可以通过选择所有平行于选中边的边来扩展边选择。该按钮只应用于边和边界选择，效果如图 5-27 所示。

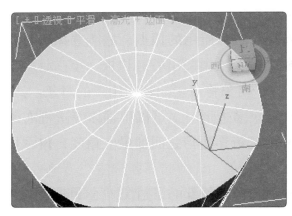
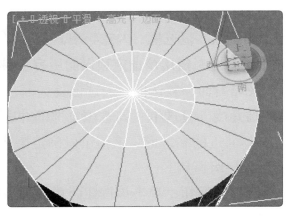

图 5-27

● **"循环"按钮**：单击该按钮，可以在与选中边对齐的同时，尽可能远地扩展选择，效果如图 5-28 所示。

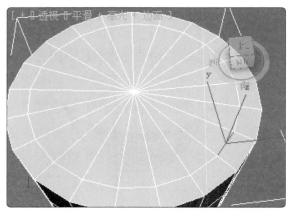
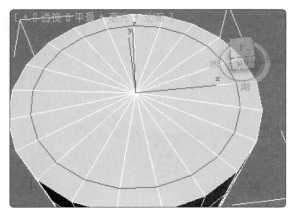

图 5-28

◎ "细分曲面"卷展栏

"细分曲面"卷展栏用于将细分应用于采用"网格平滑"模式的对象，以便可以对分辨率较低的"框架"网格进行操作，同时查看更为平滑的细分结果。该卷展栏既可以在所有子对象层级中使用，也可以在对象层级中使用。"细分曲面"卷展栏如图 5-29 所示。下面介绍部分选项的功能。

图 5-29

● **"平滑结果"复选框**：勾选该复选框，对所有多边形应用相同的平滑组，效果如图 5-30 所示。

● **"使用 NURMS 细分"复选框**：勾选该复选框，通过 NURMS 方法应用平滑，效果如图 5-31 所示。

● **"等值线显示"复选框**：勾选该复选框，只显示等值线。图 5-32（a）所示是勾选"等值线显示"复选框的显示效果，图 5-32（b）所示是取消勾选"等值线显示"复选框的显示效果。

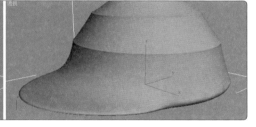

图 5-30

图 5-31

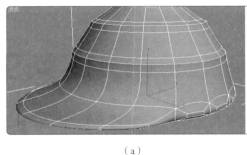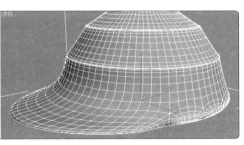

（a） （b）

图 5-32

● **"显示框架"复选框**：勾选该复选框，在修改或细分之前，切换显示可编辑多边形对象的两种颜色线框的显示。图 5-33 所示是框架颜色显示为复选框右侧的色块，第 1 种颜色表示未选定的子对象，第 2 种颜色表示选定的子对象。单击色块可更改颜色。

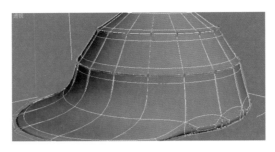

图 5-33

● **"迭代次数"数值框**：单击该按钮，可以设置平滑多边形对象时所用的迭代次数，每次迭代都会使用上一次迭代生成的顶点生成所有多边形。

　　　　　　　"迭代次数"越大，模型表面越光滑，但是对计算机而言就要花费更长的时间来进行计算。如果计算时间太长，可以按 Esc 键停止计算。

● **"平滑度"数值框**：单击该按钮，可以确定添加多边形使其平滑前，转角的尖锐程度。

● **"迭代次数"复选框**：勾选该复选框，可以选择不同的平滑迭代次数，以便在渲染时应用于对象。勾选该复选框后，可以在其右侧的数值框中设置迭代次数。

● **"平滑度"复选框**：勾选该复选框，可以选择不同的"平滑度"，以便在渲染时应用于对象。勾选该复选框，然后在其右侧的数值框中设置平滑度。

　　"更新选项"组用于设置手动或渲染时的更新选项，适用于平滑对象的复杂度过高而不能应用自动更新的情况。

● **"始终"单选按钮**：选择该单选按钮，更改任意"平滑网格"设置时，自动更新对象。

● **"渲染时"单选按钮**：选择该单选按钮，只在渲染时，才更新对象的视口显示。

● **"手动"单选按钮**：选择该单选按钮，改变的任意设置直到单击"更新"按钮才起作用。

● **"更新"按钮**：单击该按钮，可以更新视口中的对象。该按钮仅在选择"渲染时"或"手动"单选按钮时才起作用。

5.1.4　任务实施

　　（1）启动 3ds Max 2014，依次单击"■（创建）> ■（图形）> 样条线 > 线"按钮，在前视图中绘制图 5-34 所示的样条线。

　　（2）切换到"修改"命令面板，在修改器堆栈中将选择集定义为"顶点"，调整样条线的顶点，如图 5-35 所示。

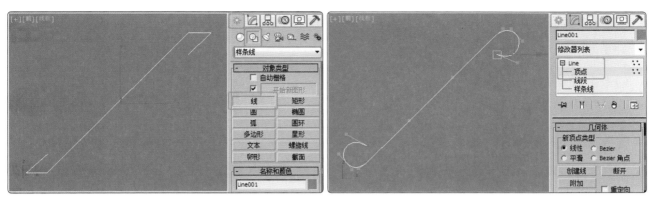

图 5-34　　　　　　　　　　　　　　　　图 5-35

（3）按 Ctrl+A 组合键全选顶点，单击鼠标右键，在弹出的快捷菜单中选择"Bezier 角点"命令，将所有顶点转换为 Bezier 角点，如图 5-36 所示，调整顶点的控制手柄调整样条线的形状。

（4）调整样条线的形状后，在"插值"卷展栏中设置"步数"为 12，如图 5-37 所示。

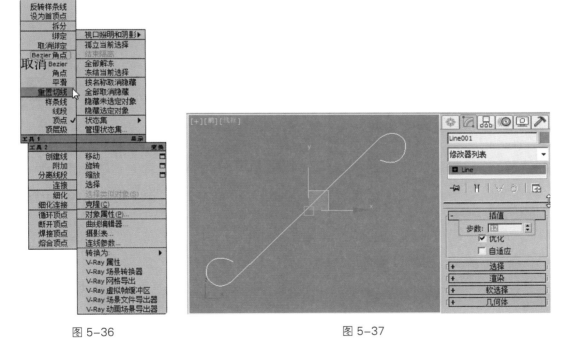

图 5-36　　　　　　　　　　　　　　　　图 5-37

（5）选择样条线，在"渲染"卷展栏中勾选"在渲染中启用"和"在视口中启用"复选框，设置"径向"的"厚度"为 6，如图 5-38 所示。

（6）将选择集定义为"样条线"，在"几何体"卷展栏中勾选"连接复制"组中的"连接"复选框，如图 5-39 所示。

（7）确定选择集定义为"样条线"，在顶视图中按住 Shift 键拖曳鼠标指针复制样条线，如图 5-40 所示。

（8）将选择集定义为"线段"，删除多余的分段，如图 5-41 所示。

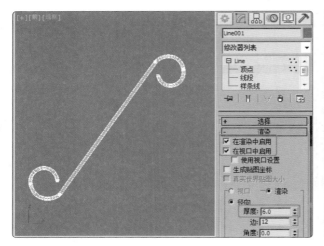

图 5-38

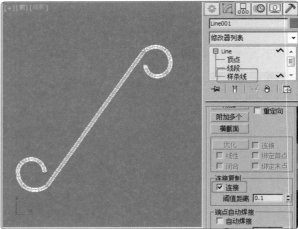

图 5-39

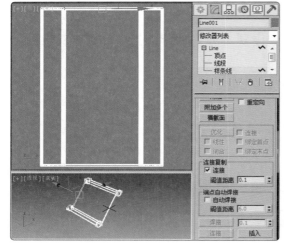

图 5-40

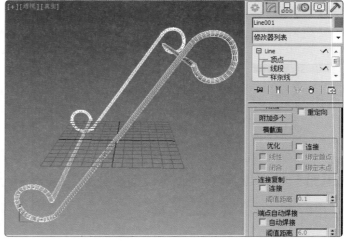

图 5-41

（9）将选择集定义为"顶点"，按 Ctrl+A 组合键，全选顶点。在"几何体"卷展栏中单击"焊接"按钮，在数值框中设置合适的焊接距离为 0.1，焊接顶点，如图 5-42 所示。

（10）单击"优化"按钮，在图 5-43 所示的位置优化顶点。

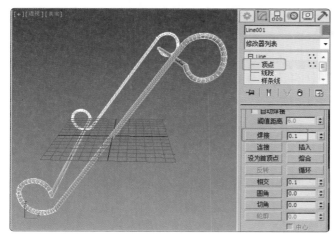

图 5-42

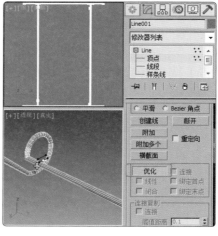

图 5-43

（11）按 Ctrl+A 组合键，将顶点全部选中，单击鼠标右键，在弹出的快捷菜单中选择顶点类型为"Bezier 角点"，之后将棱角处的顶点删除，如图 5-44 所示。

（12）激活前视图，在工具栏中单击"镜像"按钮，在弹出的对话框中进行设置，如图 5-45 所示。

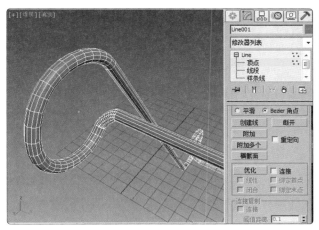

图 5-44

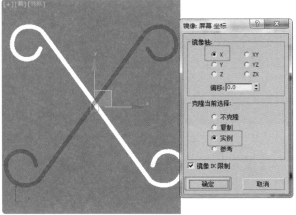

图 5-45

（13）在前视图中创建筐的样条线，如图 5-46 所示。

（14）调整图形后，将选择集定义为"样条线"，设置样条线的"轮廓"，如图 5-47 所示。

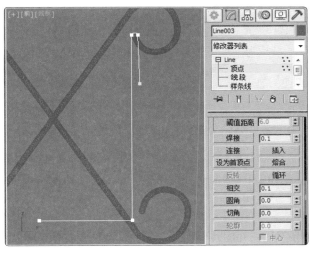

图 5-46

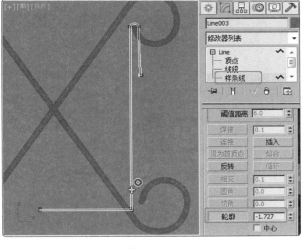

图 5-47

（15）关闭选择集，在场景中为模型添加"挤出"修改器，设置合适的参数，如图 5-48 所示。

（16）为模型添加"编辑多边形"修改器，将选择集定义为"顶点"，在场景中调整顶点，在"编辑几何体"卷展栏中单击"切片平面"按钮，在场景中调整切片的位置，单击"切片"按钮，如图 5-49 所示。

（17）创建切片后，关闭相应的按钮和选择集，为模型添加"对称"修改器，设置合适的参数，并设置"镜像轴"为"X"，在场景中调整镜像轴，如图 5-50 所示，关闭选择集。

（18）为模型添加"编辑多边形"修改器，将选择集定义为"多边形"，在场景中选择图 5-51 所示的多边形。

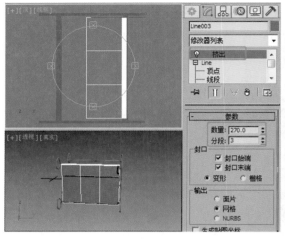
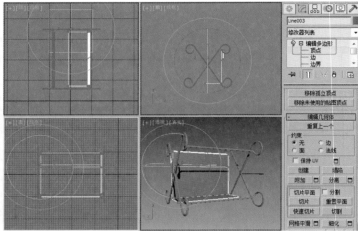

图 5-48   图 5-49

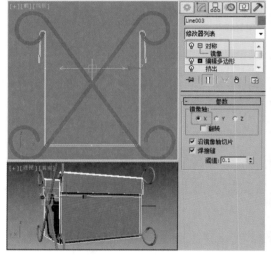
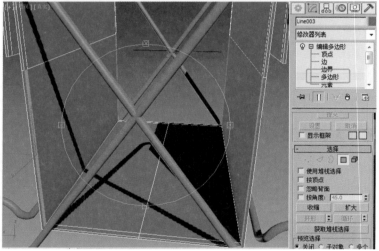

图 5-50   图 5-51

（19）在"编辑多边形"卷展栏中单击"桥"按钮，连接选择的多边形，如图 5-52 所示。

（20）调整模型直至满意的效果，完成的模型如图 5-53 所示。

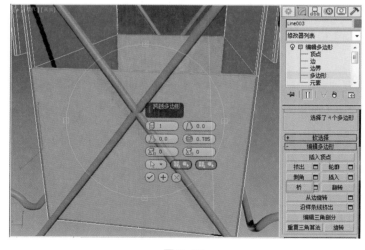
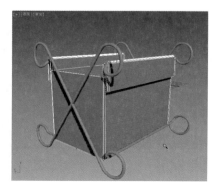

图 5-52   图 5-53

5.1.5　扩展实践：制作餐椅模型

本实践是制作餐椅模型。首先创建矩形并为其添加"编辑样条线"修改器，然后调整形状，为其添加"挤出"和"弯曲"修改器制作椅背，创建图形并为其添加"挤出"修改器，制作出椅子座面，最后创建并调整可渲染的线，制作出支架。模型效果参看云盘中的"场景 > Cha05 > 餐椅 .max"文件，如图 5-54 所示。

微课

制作餐椅模型

图 5-54

任务 5.2　制作盘子模型

5.2.1　任务引入

本任务是制作盘子模型，要求盘子采用圆形造型，风格简约、时尚。

5.2.2　设计理念

设计时，使用干净的白色作为主色，符合人们对餐具的常见喜好，添加黑色的边线，为盘子增添设计感，使盘子更显雅致。模型效果参看云盘中的"场景 > Cha05 > 盘子 .max"文件，如图 5-55 所示。

微课

制作盘子模型

图 5-55

5.2.3　任务知识：修改器

1 "壳"修改器

为对象添加"壳"修改器后，对象上会生成一组朝向现有相反方向面的额外面，从而使对象"凝固"或者为对象赋予厚度。无论曲面在原始对象中的任何地方消失，边都将连接内部和外部曲面，效果如图 5-56 所示。可以为内部和外部曲面、边的特性、材质 ID 及边的贴图类型指定偏移距离。

图 5-56

"壳"修改器的"参数"卷展栏如图 5-57 所示。下面介绍部分选项的功能。

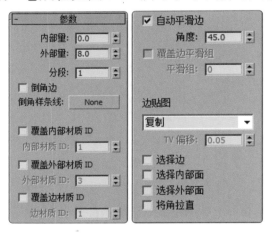

图 5-57

● **"内部量""外部量"数值框：** 3ds Max 通用单位的距离，将内部曲面从原始位置向内移动，将外曲面从原始位置向外移动，默认值为 0 和 1。

"内部量"和"外部量"的值决定了对象壳的厚度，也决定了边的默认宽度。假如将厚度和宽度都设置为 0，则生成的壳没有厚度，其效果类似于双边。

● **"分段"数值框：** 每一边的细分值，默认值为 1。

● **"倒角边"复选框：** 勾选该复选框并指定"倒角样条线"后，可使用"倒角边"在直边和自定义剖面之间切换。该直边的分辨率由"分段"定义，该自定义剖面由"倒角样条线"定义。

● **"倒角样条线"：** 单击"None"按钮，然后选择打开样条线定义边的形状和分辨率，这时圆形或星形这样闭合形状将不起作用。

- **"覆盖内部材质ID"复选框**：勾选该复选框，可以使用内部材质ID为所有内部曲面多边形指定材质ID，默认设置为禁用状态；如果没有指定材质ID，则曲面会使用同一材质ID或者和原始面一样的材质ID。
- **"内部材质ID"数值框**：为内部面指定材质ID，只在勾选"覆盖内部材质ID"复选框后可用。
- **"覆盖外部材质ID"复选框**：勾选该复选框，使用外部材质ID为所有外部曲面多边形指定材质ID。默认设置为禁用状态。
- **"外部材质ID"数值框**：为外部面指定材质ID，只在勾选"覆盖外部材质ID"复选框后可用。
- **"覆盖边材质ID"复选框**：勾选该复选框，使用边材质ID为所有当前选择的多边形指定材质ID。默认设置为禁用状态。
- **"边材质ID"数值框**：为边的面指定材质ID，只在勾选"覆盖边材质ID"复选框后可用。
- **"自动平滑边"复选框**：勾选该复选框，使用"角度"参数，可应用自动、基于角平滑到边面。禁用该复选框后，不再应用平滑。默认为启用状态。
- **"角度"数值框**：指定边面之间的最大角。该数值框只在勾选"自动平滑边"复选框之后可用，默认值为45，大于此值的接触角的面将不会被平滑。
- **"覆盖边平滑组"复选框**：勾选该复选框，可使用"平滑组"设置，为当前模型或当前选择的对象层级设置平滑组。该选项只在勾选"自动平滑边"复选框后可用。默认设置为禁用状态。
- **"平滑组"数值框**：为边多边形设置平滑组，只在勾选"覆盖边平滑组"复选框后可用，默认值为0。当"平滑组"设置为默认值0时，将不会有平滑组被指定为多边形。要指定平滑组，应更改其值为1～32。

❷ "车削"修改器

"车削"修改器是通过绕轴旋转一个图形或NURBS曲线来创建3D对象的，其"参数"卷展栏如图5-58所示。下面介绍部分选项的功能。

- **"度数"数值框**：设置旋转的角度。
- **"焊接内核"复选框**：勾选该复选框，将旋转轴上重合的点进行焊接精简，可得到结构相对简单的造型。图5-59所示是焊接内核的前后对比。
- **"翻转法线"复选框**：勾选该复选框，将会翻

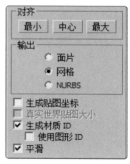

图 5-58

转造型表面的法线方向。如果出现图 5-60 左图所示的效果，勾选"翻转法线"复选框会变为图 5-60 右图所示的效果。

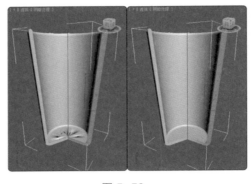

图 5-59

图 5-60

● **"方向"组**：设置旋转中心轴的方向，"X""Y""Z"按钮分别用于设置不同的轴向，系统默认 y 轴为旋转中心轴。

● **"对齐"组**：设置曲线与中心轴线的对齐方式。

● **"最小"按钮**：单击该按钮，将曲线内边界与中心轴线对齐。

● **"中心"按钮**：单击该按钮，将曲线中心与中心轴线对齐。

● **"最大"按钮**：单击该按钮，将曲线外边界与中心轴线对齐。

③ "弯曲"修改器

在制作弯曲模型时，必须设置足够的分段数使其能够旋转变形。

对选择的对象进行无限度数的弯曲变形操作时，可通过 x、y、z 轴的轴向来控制对象弯曲的角度和方向，还可以使用"限制"组中的"上限"和"下限"两个选项限制弯曲在对象上的影响范围。通过这种控制可以使对象产生局部弯曲效果。

在顶视图中创建一个三维对象，确认该对象处于被选中状态，进入 （修改）命令面板，在"修改器列表"下拉列表中选择"弯曲"修改器，"参数"卷展栏如图 5-61 所示。

● **"角度"数值框**：用于输入弯曲的角度，常用值为 0 ～ 360。

● **"方向"数值框**：用于输入弯曲沿自身 z 轴方向的旋转角度，常用值为 0 ～ 360。

图 5-61

● **"弯曲轴"组**："弯曲轴"组中有"X""Y""Z"3 个单选按钮，对于在同一个视图中建立的模型，选择不同的轴向效果不一样。

● **"限制效果"复选框**：勾选该复选框，可以为模型指定限制效果。

● **"上限"数值框**：将弯曲限制在中心轴以上，限制区域以外的部分将不会受到弯曲影响，常用值为 0 ～ 360。

● **"下限"数值框**：将弯曲限制在中心轴以下，限制区域以外的部分将不会受到弯曲影响，常用值为 0 ～ 360。

④ **"涡轮平滑"修改器**

"涡轮平滑"修改器与"网格平滑"修改器是对场景中的模型进行平滑处理的两种常用的修改器。

涡轮平滑被认为可以比网格平滑更快并且更有效率地利用内存。涡轮平滑提供网格平滑功能的限制子集。涡轮平滑使用单独平滑方法（NURBS），它可以仅应用于整个对象，不包含子对象层级，并输出三角网格对象。

5.2.4　任务实施

（1）启动 3ds Max 2014，依次单击"■（创建）＞○（几何体）＞标准基本体＞球体"按钮，在顶视图中创建球体，在"参数"卷展栏中设置"半径"为 86，如图 5-62 所示。

（2）在工具栏中单击回（选择并均匀缩放）按钮，在前视图中沿 y 轴缩放球体，效果如图 5-63 所示。

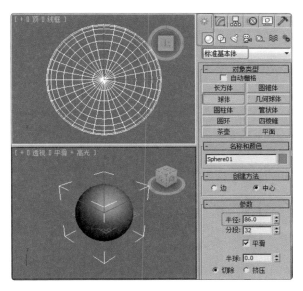

图 5-62

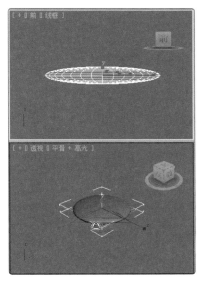

图 5-63

（3）在场景中选择球体，单击鼠标右键，在弹出的快捷菜单中选择"转换为＞转换为可编辑多边形"命令，将选择集定义为"多边形"，选择图 5-64 所示的多边形，按 Delete 键将其删除。

（4）将选择集定义为"顶点"，在场景中选择图 5-65 所示的顶点，在"编辑顶点"卷展栏中单击"移除"按钮，将所选顶点移除。

（5）将选择集定义为"多边形"，选择底部的多边形，在"编辑多边形"卷展栏中单击"挤出"后的"设置"按钮■，在弹出的对话框中设置"挤出类型"为"组"，"挤出高度"为 10，单击"确定"按钮，如图 5-66 所示。

（6）为模型添加"壳"修改器，在"参数"卷展栏中设置"外部量"为 6，如图 5-67 所示。

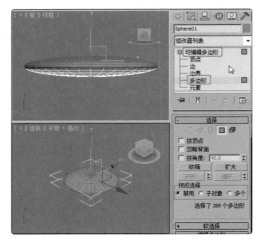

图 5-64

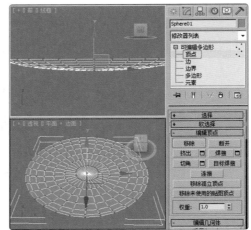

图 5-65

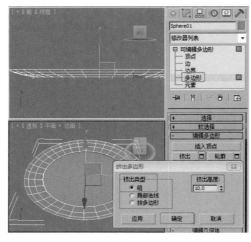

图 5-66

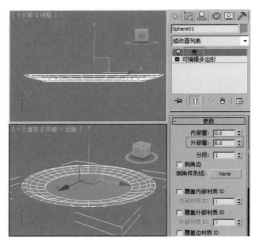

图 5-67

（7）为模型添加"涡轮平滑"修改器，使用默认设置即可，如图 5-68 所示。

（8）完成盘子模型的创建，效果如图 5-69 所示。

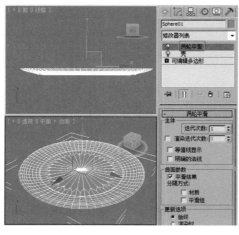

图 5-68

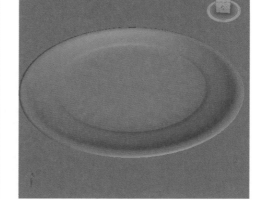

图 5-69

5.2.5　扩展实践：制作花瓶模型

使用线添加"车削"修改器制作花瓶模型。模型效果参看云盘中的"场景 > Cha05 > 花瓶 .max"文件，如图 5-70 所示。

微课

制作花瓶模型

图 5-70

任务 5.3　项目演练：制作蜡烛模型

5.3.1　任务引入

本任务是制作蜡烛模型，要求造型别致，风格柔美、浪漫。

5.3.2　设计理念

设计时，将蜡烛设计为上细下粗的螺旋状，既便于摆放，又增添了浪漫色彩；为展示整体效果，制作配套支架，采用星形、图形等多种形状组合，使支架看起来更精致。模型效果参看云盘中的"场景 > Cha05 > 蜡烛 .max"文件，如图 5-71 所示。

微课

制作蜡烛模型

图 5-71

项目6

制作高级室内模型
——编辑复合对象

06

所谓复合对象是指将两个或两个以上的模型通过特定的方式组合为一个模型。例如，在一个模型上迅速"掏"出另一个模型的形状。本项目将重点介绍如何编辑复合对象。通过本项目的学习，读者可以初步掌握制作高级室内模型的方法和技巧。

学习引导

知识目标

- 了解"ProBoolean"工具
- 了解"放样"工具
- 了解"连接"工具

能力目标

- 掌握"ProBoolean"工具的参数设置
- 掌握"放样"工具的参数设置
- 掌握"连接"工具的参数设置

素养目标

- 培养对室内设计的审美能力
- 培养对复合对象的设计能力

实训项目

- 制作洗手盆模型
- 制作异形花瓶模型
- 制作哑铃模型

任务 6.1　制作洗手盆模型

微课

制作洗手盆
模型

6.1.1　任务引入

本任务是制作卫浴空间中的洗手盆模型，要求洗手盆采用长方形结构，风格简洁，能体现出较高的品质。

6.1.2　设计理念

设计时，洗手盆的盆体采用长方形结构，外形典雅；水龙头采用流线形设计，风格简约、现代；银色的水龙头搭配白色的洗手盆，合谐、美观。模型效果参看云盘中的"场景 > Cha06 > 洗手盆 .max"文件，如图 6-1 所示。

图 6-1

6.1.3　任务知识："ProBoolean"工具

"ProBoolean"工具采用了 3ds Max 网格并具有额外的智能运算能力。它结合了拓扑功能，可以确定共面三角形并移除附带的边。它不是在这些三角形上而是在 N 边形上执行布尔运算，完成布尔运算之后，对结果执行重复三角算法，在共面的边隐藏的情况下将结果发送回 3ds Max。这样额外工作的结果有双重意义：复合对象的可靠性非常高，因为有更少的小边和三角形；输出结果更清晰。

在场景中选择需要进行布尔运算的对象，依次单击"　（创建）>　（几何体）> 复合对象 > ProBoolean"按钮，在"拾取布尔对象"卷展栏中单击"开始拾取"按钮，可在场景中拾取一个或多个运算对象。

下面简单介绍"ProBoolean"工具的相关卷展栏。

① "拾取布尔对象"卷展栏

"ProBoolean"工具的"拾取布尔对象"卷展栏如图 6-2 所示。

图 6-2

● **"开始拾取"按钮：** 单击该按钮，可以开始依次单击要进行布尔运算的每个对象。在拾取每个运算对象之前，可以选择"参考""复制""移动""实例化"单选按钮，以及"参数"卷展栏中"运算"组和"应用材质"组中的选项。

● **"参考"单选按钮：** 选择该单选按钮，可以将原始对象的参考复制作为运算对象。这样在布尔运算执行后，原对象仍然存在，修改原来拾取的对象时，布尔运算的结果也会发生变化。选择该单选按钮可使对原始运算对象所做的更改与新的运算对象同步，反之则不行。

● **"复制"单选按钮**：选择该单选按钮，布尔运算使用所拾取运算对象的副本，布尔运算不会影响选定的对象。

● **"移动"单选按钮**：选择该单选按钮，所拾取的运算对象直接参与布尔运算，不能再作为场景中的单独对象，这是默认设置。

● **"实例化"单选按钮**：选择该单选按钮，布尔运算会创建选定对象的一个实例，修改选定的对象时，也会修改参与布尔运算的实例化对象，反之亦然。

②　"参数"卷展栏

"ProBoolean"工具的"参数"卷展栏如图6-3所示。

◎ "运算"组

● **"运算"组**：这些选项用于确定运算对象实际如何交互。

◎ "显示"组

● **"结果"单选按钮**：选择该单选按钮，只显示布尔运算而非单个运算对象的结果。

● **"运算对象"单选按钮**：选择该单选按钮，显示定义布尔运算结果的运算对象。

◎ "应用材质"组

● **"应用运算对象材质"单选按钮**：选择该单选按钮，布尔运算产生的新面获取运算对象的材质。

图6-3

● **"保留原始材质"单选按钮**：选择该单选按钮，布尔运算产生的新面保留原始对象的材质。

◎ "子对象运算"组

● **"提取所选对象"按钮**：单击该按钮，可以对在层次视图列表中高亮显示的运算对象应用运算。

● **"移除"单选按钮**：选择该单选按钮，可以从布尔运算结果中移除在层次视图列表中高亮显示的运算对象。该操作本质上是撤销了附加到结果对象中的高亮显示的运算对象，被移除的每个运算对象都再次成为顶层对象。

● **"复制"单选按钮**：选择该单选按钮，可以提取在层次视图列表中高亮显示的一个或多个运算对象的副本，原始的运算对象仍然是布尔运算结果的一部分。

● **"实例"单选按钮**：选择该单选按钮，可以提取在层次视图列表中高亮显示的一个或多个运算对象的实例，后续对被提取的运算对象的修改也会应用到原始的运算对象上，因此会影响布尔运算结果。

● **"重排运算对象"按钮**：单击该按钮，可以在层次视图列表中更改高亮显示的运算对象的顺序，具体为将重排的运算对象移动到"重排运算对象"按钮后面的数值框列出的位置。

- **"更改运算"按钮**：单击该按钮，可以为高亮显示的运算对象更改运算类型。
- **层次列表框**：显示定义选定网格的所有布尔运算的列表。

6.1.4 任务实施

（1）启动 3d Max 2014，依次单击"❋（创建）>◯（几何体）>扩展基本体 > 切角长方体"按钮，在顶视图中创建切角长方体，在"参数"卷展栏中设置"长度"为 40，"宽度"为 60，"高度"为 12，"圆角"为 1，"圆角分段"为 3，如图 6-4 所示。

（2）为模型添加"编辑多边形"修改器，将选择集定义为"顶点"，在左视图中调整顶点，如图 6-5 所示，关闭选择集。

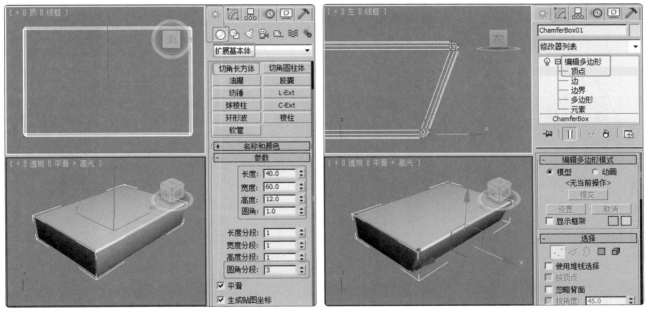

图 6-4   图 6-5

（3）按 Ctrl+V 组合键复制模型，将复制的模型作为布尔运算对象，调整复制出模型的顶点，如图 6-6 所示。

（4）在顶视图中创建一个切角长方体，将其作为布尔运算对象，在"参数"卷展栏中设置"长度"为 12，"宽度"为 13，"高度"为 12，"圆角"为 1，"圆角分段"为 3，调整模型至合适的位置，如图 6-7 所示。

（5）在场景中选择切角长方体 01，依次单击"❋（创建）>◯（几何体）>复合对象 > ProBoolean"按钮，在"拾取布尔对象"卷展栏中单击"开始拾取"按钮，在场景中拾取参与布尔运算的对象，如图 6-8 所示。

（6）为模型添加"编辑多边形"修改器，将选择集定义为"边"，选择图 6-9 所示的边。

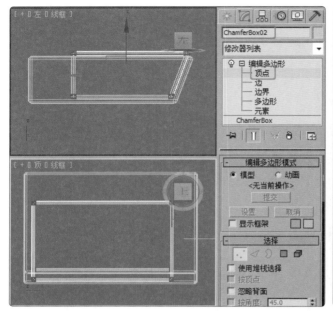

图 6-6

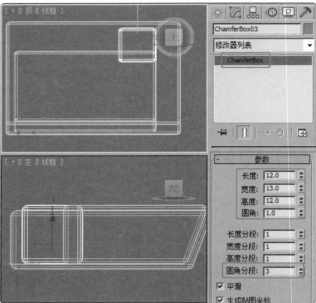

图 6-7

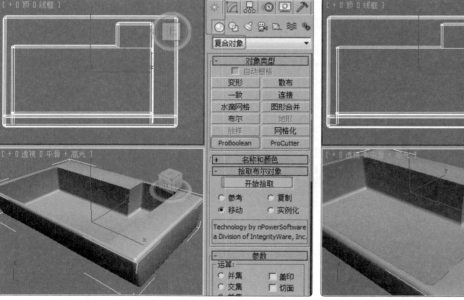

图 6-8

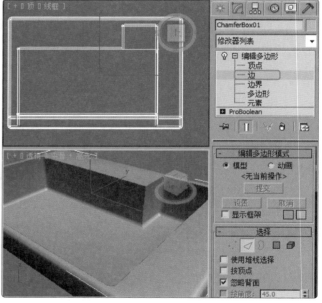

图 6-9

（7）在"编辑边"卷展栏中单击"切角"后的"设置"按钮 ▣，在弹出的对话框中设置"切角量"为 0.5，"分段"为 3，单击"确定"按钮，如图 6-10 所示。

（8）依次单击"✳（创建）> ◯（几何体）> 标准基本体 > 长方体"按钮，在顶视图中创建长方体。在"参数"卷展栏中设置"长度"为 8，"宽度"为 13.5，"高度"为 9，调整模型至合适的位置，如图 6-11 所示。

（9）为长方体添加"编辑多边形"修改器，将选择集定义为"多边形"。选择顶部的多边形，在"编辑多边形"卷展栏中单击"倒角"后的"设置"按钮 ▣，在弹出的对话框中设置"轮廓量"为 -0.5，单击"确定"按钮，如图 6-12 所示。

（10）再次为多边形设置"倒角"，设置"高度"为 -0.5，"轮廓量"为 -0.8，单击"确定"按钮，如图 6-13 所示。

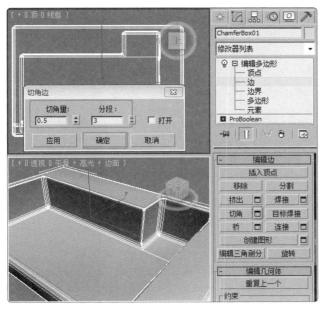

图 6-10

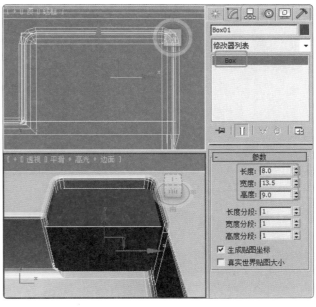

图 6-11

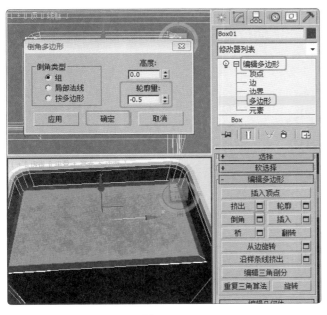

图 6-12

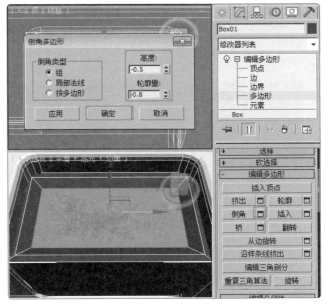

图 6-13

（11）依次单击"⚙（创建）>⬚（图形）>样条线 > 线"按钮，在左视图中创建可渲染的样条线。在"插值"卷展栏中设置"步数"为 12，在"渲染"卷展栏中勾选"在渲染中启用""在视口中启用"复选框，设置"径向"的"厚度"为 3，如图 6-14 所示。关闭选择集，调整模型至合适的位置。

（12）在顶视图中创建圆柱体，在"参数"卷展栏中设置"半径"为1.5，"高度"为2，"高度分段"为1，调整模型至合适的位置，如图6-15所示。

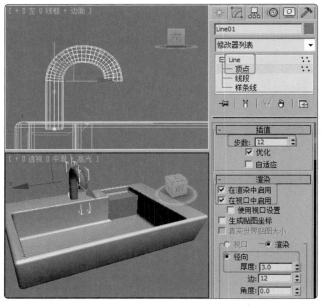

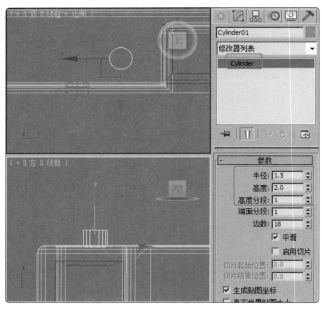

图6-14　　　　　　　　　　　　　　　　图6-15

（13）依次单击"　（创建）>　（几何体）>扩展基本体>油罐"按钮，在顶视图中创建油罐。在"参数"卷展栏中设置"半径"为3，"高度"为2.5，"封口高度"为0.8，"边数"为8，取消勾选"平滑"复选框，调整模型至合适的位置，如图6-16所示。

（14）完成的洗手盆模型如图6-17所示。

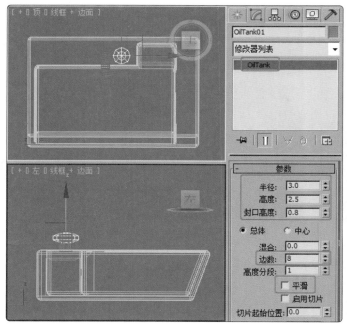

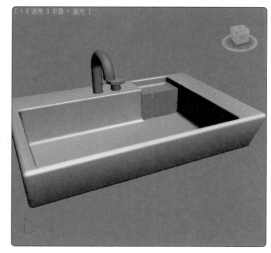

图6-16　　　　　　　　　　　　　　　　图6-17

6.1.5 扩展实践：制作文件架模型

本实践是制作文件架模型，使用"长方体""线"工具制作出基本几何体，结合使用"壳""挤出"功能和"ProBoolean"工具制作模型。模型效果参看云盘中的"场景 > Cha06 > 文件架 .max"文件，如图 6-18 所示。

微课

制作文件架模型

图 6-18

任务 6.2 制作异形花瓶模型

微课

制作异形花瓶模型

6.2.1 任务引入

本任务是制作花瓶模型，要求花瓶造型独特，既可以摆放鲜花，又可以作为装饰品，烘托居室氛围。

6.2.2 设计理念

设计时，花瓶采用扭曲的造型，时尚新颖，令人耳目一新；花瓶的表面光滑，富有光泽度，增添了华丽感。模型效果参看云盘中的"场景 > Cha06 > 异形花瓶 .max"文件，如图 6-19 所示。

图 6-19

6.2.3 任务知识："放样"工具

在放样之前，需要先完成截面图形和路径图形的制作。一个放样对象只允许有一条路径，但截面图形可以有一个或多个，图 6-20 所示为一条路径的两个截面图形。

下面简单介绍"放样"工具的相关卷展栏。

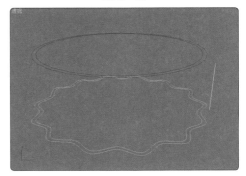

图 6-20

① "创建方法"卷展栏

"放样"工具的"创建方法"卷展栏如图 6-21 所示。

● **"获取路径"按钮**：如果选择了截面，单击该按钮后可在视图中选择将要作为路径的图形。

● **"获取图形"按钮**：如果选择了路径，单击该按钮后可在视图中选择将要作为截面的图形。

"移动""复制""实例"单选按钮：默认选择"实例"单选按钮，即原来的二维图形都将继续保留。

②"路径参数"卷展栏

在放样对象的一条路径上允许有多个不同的截面存在，它们共同控制放样对象的外形。"放样"工具的"路径参数"卷展栏如图6-22所示。

- **"路径"数值框**：用于设置插入点在路径上的位置。
- **"捕捉"数值框**：用于设置沿着路径图形之间的恒定距离。该捕捉值依赖于所选择的测量方法。更改测量方法也会更改捕捉值以保持捕捉间距不变。
- **"启用"复选框**：勾选该复选框，"捕捉"处于活动状态。默认"捕捉"为禁用状态。
- **"百分比"单选按钮**：将路径级别表示为路径总长度的百分比。
- **"距离"单选按钮**：将路径级别表示为路径第1个顶点的绝对距离。
- **"路径步数"单选按钮**：将图形置于路径步数和顶点上，而不是作为沿着路径的一个百分比或距离。
- ⬚（拾取图形）按钮：单击该按钮，可以将路径上的所有图形设置为当前级别。当在路径上拾取一个图形时，将禁用"捕捉"功能，且路径设置为拾取图形的级别，会出现黄色的"X"。"拾取图形"按钮仅在"修改"面板中可用。
- ⬚（上一个图形）按钮：单击该按钮，可以从路径级别的当前位置上沿路径跳至上一个图形，黄色"X"出现在当前级别上。单击该按钮还可以禁用"捕捉"功能。
- ⬚（下一个图形）按钮：单击该按钮，可以从路径层级的当前位置上沿路径跳至下一个图形，黄色"X"出现在当前级别上。单击该按钮也可以禁用"捕捉"功能。

③"蒙皮参数"卷展栏

"放样"工具的"蒙皮参数"卷展栏如图6-23所示。下面介绍部分重点选项的功能。

- **"封口始端"复选框**：勾选该复选框，将对模型始端封口。默认设置为勾选。
- **"封口末端"复选框**：勾选该复选框，将对模型末端封口。默认设置为勾选。

图6-21

图6-22

图6-23

图6-24（a）所示是封口效果，图6-24（b）所示是未封口效果。

● **"变形"单选按钮**：选择该单选按钮，可以按照创建变形目标所需的可预见且可重复的模式排列封口面。变形封口能产生细长的面，与那些采用栅格封口创建的面一样，这些面也不进行渲染或变形。

● **"栅格"单选按钮**：选择该单选按钮，可以在图形边界处修剪的矩形栅格中排列封口面，栅格封口将产生一个由大小均等的面构成的表面，这些面可以被其他修改器很容易地变形。

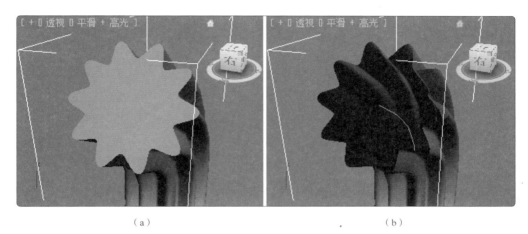

（a）　　　　　　　　　　（b）

图6-24

● **"图形步数"数值框**：用于设置截面顶点之间的步数，增大该值会使造型外表皮更平滑。图6-25（a）所示是"图形步数"为1的效果，图6-25（b）所示是"图形步数"为15的效果。

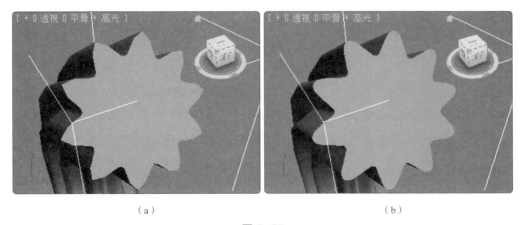

（a）　　　　　　　　　　（b）

图6-25

● **"路径步数"数值框**：用于设置路径顶点之间的步数，增大该值会使造型弯曲更平滑。图6-26（a）所示是"路径步数"为3的效果，图6-26（b）所示是"路径步数"为15的效果。

● **"优化图形"复选框**：勾选该复选框，对于截面的直分段，忽略"图形步数"，如果路径上有多个图形，则只优化在所有图形上都匹配的直分段。默认设置为取消勾选。图6-27（a）所示是未启用"优化图形"的效果，图6-27（b）所示是启用"优化图形"的效果。

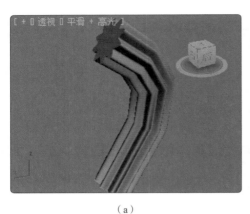 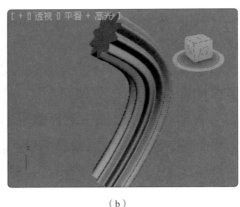

（a）　　　　　　　　　　　　（b）

图 6-26

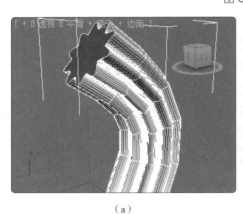 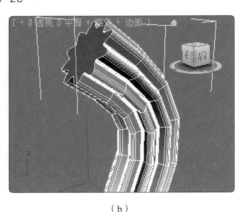

（a）　　　　　　　　　　　　（b）

图 6-27

● "**自适应路径步数**"复选框：勾选该复选框，则分析放样，并调整路径分段的数目，以生成最佳蒙皮，主分段将沿路径出现在路径顶点、截面位置和变形曲线顶点处；取消勾选该复选框，则主分段将沿路径只出现在路径顶点处。默认设置为勾选。

● "**轮廓**"复选框：勾选该复选框，则每个图形都遵循路径的曲率，每个图形的 z 轴正方向与形状层级中路径的切线对齐；取消勾选该复选框，则图形保持平行，且与放置在层级 0 中的图形保持相同的方向。默认设置为勾选。

● "**倾斜**"复选框：勾选该复选框，则只要路径弯曲并改变其局部 z 轴的高度，图形便围绕路径旋转，倾斜量由 3ds Max 控制（如果是 2D 路径，则忽略此复选框）；取消勾选此复选框，则图形在穿越 3D 路径时不会围绕其 z 轴旋转。默认设置为勾选。

● "**恒定横截面**"复选框：勾选该复选框，则在路径中的角点处缩放截面，以保持路径宽度一致；取消勾选该复选框，则截面保持其原来的局部尺寸，从而在路径角点处产生收缩。

● "**线性插值**"复选框：勾选该复选框，则使用每个图形之间的直边生成放样蒙皮；取消勾选该复选框，则使用每个图形之间的平滑曲线生成放样蒙皮。默认设置为取消勾选。

● "**翻转法线**"复选框：如果在创建放样模型时出现法线内现，勾选该复选框即可翻转法线。

● "**四边形的边**"复选框：勾选该复选框，若放样对象的两部分具有相同数目的边，则两部分缝合到一起的面将显示为四方形，具有不同边数的两部分之间的边不受影响，仍与三角形连接。默认设置为取消勾选。

● **"变换降级"复选框：** 勾选该复选框使放样蒙皮在截面、路径子对象的变换过程中消失，例如，移动路径上的顶点使放样消失；取消勾选该复选框，则在子对象变换过程中可以看到蒙皮。默认为取消勾选该复选框。

④ "变形"卷展栏

模型在放样的同时还可以进行变形修改，切换到"修改"命令面板，"变形"卷展栏在修改面板的底部，其中提供了 5 种变形方法，如图 6-28 所示。

● **"缩放"按钮：** 单击该按钮，可以在路径截面 x 轴、y 轴向上进行缩放变形，如图 6-29 所示。

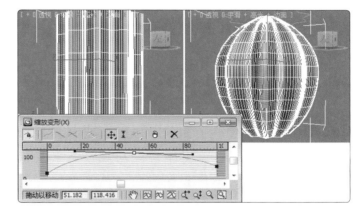

图 6-28　　　　　　　　　　　　　　　　　　　　图 6-29

● **"扭曲"按钮：** 单击该按钮，可以在路径截面 x 轴、y 轴向上进行旋转变形，如图 6-30 所示。

● **"倾斜"按钮：** 单击该按钮，可以在路径截面 z 轴向上进行旋转变形，如图 6-31 所示。

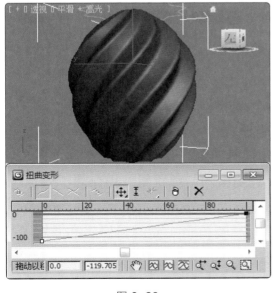

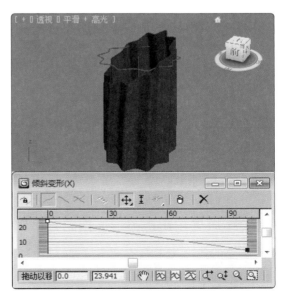

图 6-30　　　　　　　　　　　　　　　　　　　　图 6-31

- **"倒角"按钮：**单击此按钮，可以产生倒角变形，如图 6-32 所示。
- **"拟合"按钮：**单击此按钮，可以进行三视图拟合放样控制，如图 6-33 所示。

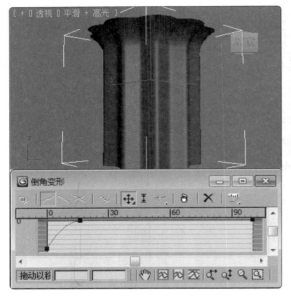

图 6-32

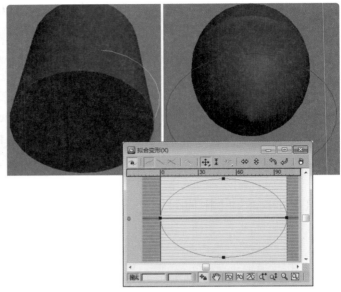

图 6-33

下面介绍变形窗口中几种常用的工具。

- **（移动控制顶点）按钮：**单击该按钮，可以移动控制线上的控制点，从而改变控制线的形状。
- **（插入角点）按钮：**单击该按钮，可以在控制线上添加控制点。
- **（删除控制点）按钮：**单击该按钮，可以将当前选择的控制点删除，也可以通过按 Delete 键来删除所选的控制点。
- **（重置曲线）按钮：**单击该按钮，可以删除所有控制点（两端的控制点除外）并恢复曲线的默认值。
- **（最大化显示）按钮：**单击该按钮，可以更改视图放大值，使整个变形曲线可见。
- **（水平方向最大化显示）按钮：**单击该按钮，可以更改沿路径长度进行的视图放大值，使得整个路径区域在窗口中可见。
- **（垂直方向最大化显示）按钮：**单击该按钮，可以更改沿变形值进行的视图放大值，使得整个变形区域在窗口中显示。
- **（水平缩放）按钮：**单击该按钮，可以更改沿路径长度进行的放大值。
- **（垂直缩放）按钮：**单击该按钮，可以更改沿变形值进行的放大值。
- **（缩放）按钮：**单击该按钮，可以更改沿路径长度和变形值进行的放大值，保持曲线的纵横比。
- **（缩放区域）按钮：**单击该按钮，可以放大在变形栅格中拖曳的区域，以填充变形窗口。

6.2.4　任务实施

（1）启动 3ds Max 2014，依次单击"■（创建）>■（图形）>样条线>星形"按钮，在顶视图中创建星形，在"参数"卷展栏中设置"半径1"为110，"半径2"为85，"点"为6，"圆角半径1"为12，"圆角半径2"位20，如图6-34所示。

（2）依次单击"■（创建）>■（图形）>样条线>线"按钮，在前视图中创建直线段，如图6-35所示。

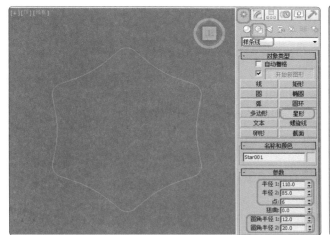
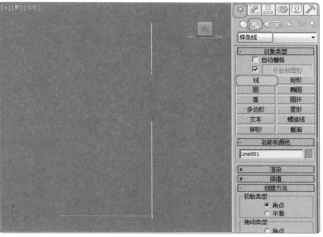

图6-34　　　　　　　　　　　　　　　　　　图6-35

（3）在场景中选择作为路径的直线段，依次单击"■（创建）>■（几何体）>复合对象>放样"按钮，在"创建方法"卷展栏中单击"获取图形"按钮，在场景中拾取星形，在"蒙皮参数"卷展栏中取消勾选"封口末端"复选框，使模型末端不被封口，如图6-36所示。

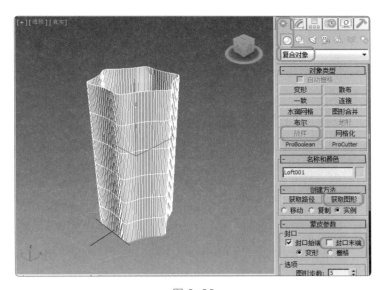

图6-36

（4）切换到"修改"命令面板，在"变形"卷展栏中单击"缩放"按钮，在弹出的窗口中单击"插入角点"按钮，在曲线上添加控制点。单击"移动控制点"按钮，在曲线的控制点上单击鼠标右键，在弹出的快捷菜单中选择"Bezier- 角点"命令，拖曳控制手柄，调整曲线的形状，如图 6-37 所示。

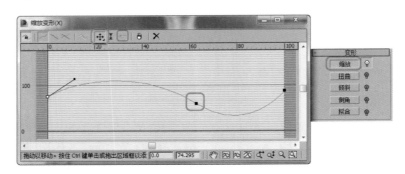

图 6-37

（5）单击"变形"卷展栏中的"扭曲"按钮，在弹出的窗口中单击"插入角点"按钮，在曲线上添加控制点。单击"移动控制点"按钮，在曲线的控制点上单击鼠标右键，在弹出的快捷菜单中选择"Bezier- 角点"命令，拖曳控制手柄，调整曲线的形状，如图 6-38 所示。

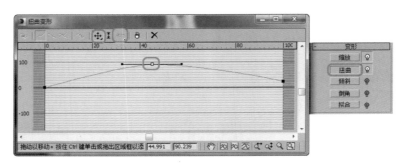

图 6-38

（6）调整好后，为模型添加"壳"修改器，在"参数"卷展栏中设置"外部量"为5，如图 6-39 所示。

（7）为模型添加"涡轮平滑"修改器，使用默认的"迭代次数"即可，如图 6-40 所示。

图 6-39

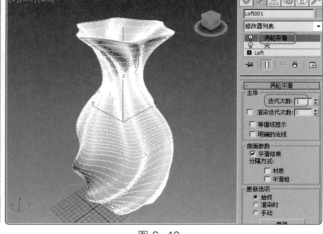

图 6-40

6.2.5 扩展实践：制作桌布模型

微课
制作桌布模型

本实践是制作桌布模型。首先创建圆和星形作为放样图形，然后创建线作为放样路径，创建出放样模型后设置模型的"倒角"效果。模型效果参看云盘中的"场景 > Cha06 > 桌布 .max"文件，如图 6-41 所示。

图 6-41

任务 6.3 制作哑铃模型

微课
制作哑铃模型

6.3.1 任务引入

本任务是制作健身器材——哑铃的模型，要求模型具有光泽感，突出实用性，功能一目了然。

6.3.2 设计理念

设计时，将哑铃两头的圆柱体设计得大小适中，表面平滑，和抓手的结合处自然、光洁；哑铃整体色泽饱满，简洁大方。模型效果参看云盘中的"场景 > Cha06 > 哑铃 .max"文件，如图 6-42 所示。

图 6-42

6.3.3 任务知识："连接"工具

使用"连接"工具复合对象，可通过对象表面的"洞"连接两个或多个对象。要执行此操作，需删除每个对象的面，在其表面创建一个或多个"洞"，并确定"洞"的位置，以使"洞"与"洞"之间面对面，然后应用"连接"工具。

下面简单介绍"连接"工具的相关卷展栏。

① **"拾取操作对象"卷展栏**

"连接"工具的"拾取操作对象"卷展栏如图 6-43 所示。下面介绍部分选项的功能。

● **"拾取操作对象"按钮**：单击该按钮，可以将另一个操作对象与原始对象相连。可以采用一个包含两个"洞"的对象作为原始对象，并安排另外两个对象，每个对象均包含一个"洞"并且"洞"位于对象的外部。单击"拾取操作对象"按钮，选择其中一个对象，将其连接，然后再次单击"拾取

图 6-43

操作对象"按钮，选择另一个对象，将其连接，这两个连接的对象均被添加至"操作对象"列表中。

- **"参考""复制""移动""实例"单选按钮**：用于指定将操作对象转换为复合对象的方式，可以选择以引用、副本、实例或移动的对象（如果不保留原始对象）的方式进行转换。

- **"连接"选项**：只能用于可以转换为可编辑表面的对象，如可编辑网格、可编辑多边形。

2 "参数"卷展栏

"连接"工具的"参数"卷展栏如图6-44所示。

◎ "操作对象"组

- **"操作对象"列表**：用于显示当前的操作对象。在列表中单击操作对象，即可选中对象，可以进行重命名、删除或提取操作。

- **"名称"文本框**：用于重命名所选的操作对象。在文本框中输入新的名称，然后按Tab键或Enter键即可重命名操作对象。

- **"删除操作对象"按钮**：单击该按钮，可以将所选操作对象从列表中删除。

- **"提取操作对象"按钮**：单击该按钮，可以提取选中操作对象的副本或实例。在列表中选择一个操作对象即可启用该按钮。

图 6-44

　　"提取操作对象"按钮仅在"修改"命令面板中可用。如果当前为"创建"命令面板，则无法提取操作对象。

◎ "平滑"组

- **"桥"复选框**：勾选该复选框，可以在连接桥的面之间应用平滑。

- **"末端"复选框**：勾选该复选框，可以在连接桥新旧表面的接连面与原始对象之间应用平滑，并给桥指定其中一个原始对象的材质ID；如果取消勾选该复选框，系统将给桥指定一个新的材质ID，新的材质ID将高于两个原始对象的最高的材质ID。

6.3.4 任务实施

（1）启动3ds Max 2014，依次单击"　（创建）>　（几何体）>扩展基本体>切角圆柱体"按钮，在前视图中创建切角圆柱体。在"参数"卷展栏中设置"半径"为90，"高度"为100，"圆角"为20，"圆角分段"为5，"边数"为6，如图6-45所示。

（2）为模型添加"编辑多边形"修改器，将选择集定义为"多边形"。选择图 6-46 所示的多边形，单击"选择并均匀缩放"按钮 [img]，在前视图中均匀缩放多边形，按 Delete 键删除多边形。

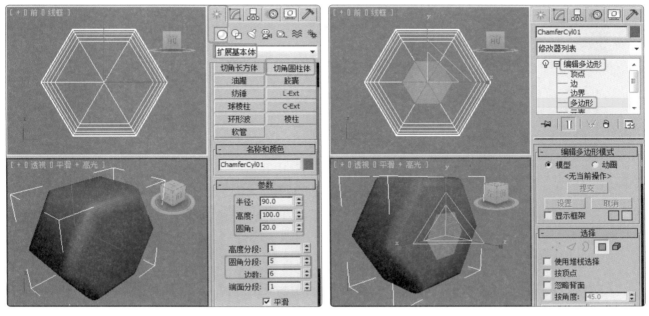

图 6-45　　　　　　　　　　　　　　　　　　　　　　图 6-46

（3）激活顶视图，单击"镜像"按钮 [img]，镜像复制模型，设置如图 6-47 所示。

（4）选择其中一个模型，依次单击" [img]（创建）> [img]（几何体）> 复合对象 > 连接"按钮，在"拾取操作对象"卷展栏中单击"拾取操作对象"按钮，连接另一个模型，如图 6-48 所示。

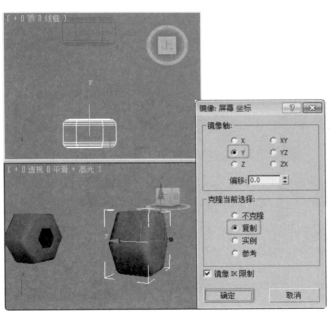

图 6-47

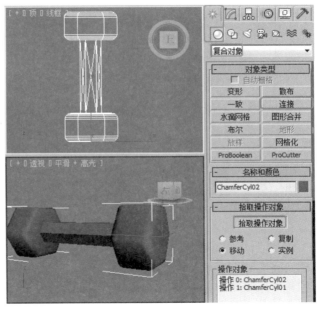

图 6-48

（5）切换到"修改"命令面板，在"参数"卷展栏的"平滑"组中勾选"桥""末端"复选框，如图6-49所示。

（6）为模型添加"涡轮平滑"修改器，设置模型的平滑效果，如图6-50所示。

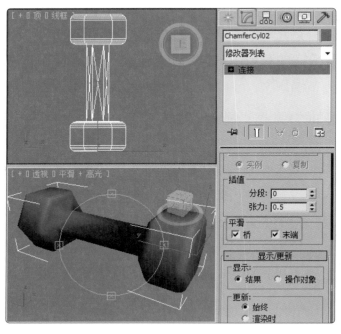

图 6-49

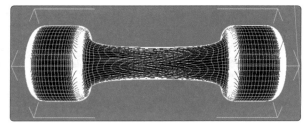

图 6-50

6.3.5 扩展实践：制作牙膏模型

本实践是制作牙膏模型。首先创建圆柱体，将圆柱体转换为可编辑多边形，调整一端的顶点，将底面的多边形删除。然后创建长方体，将长方体一端朝向圆柱体的一端，并将该端的多边形删除。接着将圆柱体与长方体进行连接，将模型转换为可编辑多边形，复制调整边界为牙膏头。最后创建星形，并将其挤出，将星形转换为可编辑多边形，调整顶点，完成牙膏模型的制作。模型效果参看云盘中的"场景＞Cha06＞牙膏.max"文件，如图6-51所示。

图 6-51

微课

制作牙膏模型

任务 6.4　项目演练：制作保龄球模型

6.4.1　任务引入

本任务是制作保龄球模型，要求形象逼真、生动，能体现出娱乐性、趣味性。

6.4.2　设计理念

设计时，将保龄球有孔的一面朝上，突出保龄球的特色；呈三角形排列的球瓶采用传统的配色，并设计统一的瓶标，使画面更生动、逼真。模型效果参看云盘中的"场景 > Cha06 > 保龄球 .max"文件，如图 6-52 所示。

图 6-52

微课

制作保龄球
模型

项目7

制作高级室内模型
——修改几何体的形体

07

在现实中，物体的造型是千变万化的，很多在3ds Max中创建的几何体或图形都需要经过修改才能达到理想的状态。3ds Max提供了很多三维变形修改命令，使用这些命令可以创建出需要的模型。本项目将介绍如何修改几何体的形体。通过本项目的学习，读者可以进一步掌握制作高级室内模型的方法和技巧。

学习引导

知识目标

- 了解"FFD（长方体）"修改器
- 了解使用 NURBS 建模的方法

能力目标

- 掌握使用 FFD（长方体）建模的方法
- 掌握 NURBS 曲线、NURBS 曲面创建和修改的方法

素养目标

- 培养空间想象力
- 培养对几何体的设计能力

实训项目

- 制作单人沙发模型
- 制作金元宝模型

任务 7.1 制作单人沙发模型

微课

制作单人
沙发模型

7.1.1 任务引入

本任务是制作单人沙发模型，要求扶手采用曲线设计，扶手、靠背和沙发底部无缝衔接在一起，突出现代感。

7.1.2 设计理念

设计时，扶手采用的曲线造型别具一格；宽大的座位和靠背、扶手浑然一体，现代感十足。模型效果参看云盘中的"场景 > Cha07 > 单人沙发 .max"文件，如图 7-1 所示。

图 7-1

7.1.3 任务知识："FFD（长方体）"修改器

FFD 修改器的原理是用晶格框包围选中的几何体，调整晶格的控制点，从而改变封闭几何体的形状。FFD 修改器分为 5 种，即"FFD2×2×2""FFD3×3×3""FFD4×4×4""FFD（长方体）""FFD（圆柱体）"。无论使用哪种类型的 FFD 修改器，都需进入"控制点"选择集，如图 7-2 所示，才能在视图中对控制点进行移动、旋转、缩放等操作，从而实现模型的自由变形。

下面以"FFD（长方体）"修改器为例，介绍修改器卷展栏中的常用选项，如图 7-3 所示。

图 7-2

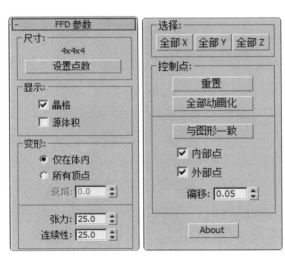

图 7-3

◎ "尺寸"组

● **"设置点数"按钮**：单击该按钮，弹出"设置FFD尺寸"对话框，其中包含"长度""宽度""高度"数值框和"确定""取消"按钮。在对话框中指定晶格所需的控制点数目，单击"确定"按钮进行更改，默认尺寸为"4×4×4"。

◎ "显示"组

● **"晶格"复选框**：勾选该复选框，绘制连接控制点的线条以形成栅格。虽然绘制的线条可能会使视口显得混乱，但它们可以使晶格形象化。

● **"源体积"复选框**：勾选该复选框，控制点和晶格会以未修改的状态显示。

◎ "变形"组

● **"仅在体内"单选按钮**：选择该单选按钮，只有位于源体积内的顶点会变形。该单选按钮为默认设置。

● **"所有顶点"单选按钮**：选择该单选按钮，可以将所有顶点变形，不管它们位于源体积的内部还是外部，体积外的变形是对体积内的变形的延续，远离源晶格的点的变形可能会很严重。

◎ "控制点"组

● **"重置"按钮**：单击该按钮，可以使所有控制点返回到它们的原始位置。

7.1.4 任务实施

（1）启动3ds Max 2014，依次单击"　（创建）>　（几何体）>扩展基本体>切角长方体"按钮，在顶视图中创建切角长方体，在"参数"卷展栏中设置"长度"为700，"宽度"为800，"高度"为150，"圆角"为20，"长度分段"为8，"宽度分段"为7，"高度分段"为1，"圆角分段"为3，如图7-4所示。

（2）切换到"修改"命令面板，在"修改器列表"下拉列表框中选择"编辑多边形"修改器，将选择集定义为"多边形"。选择图7-5所示顶部的多边形，在"编辑多边形"卷展栏中单击"挤出"后的"设置"按钮■，在弹出的对话框中设置"挤出类型"为"组"，"高度"为400，单击"确定"按钮。

提示　　　在调整控制点时，可以结合使用移动和旋转工具调整每组控制点，直至得到满意的效果为止。

（3）为模型添加"涡轮平滑"修改器，在"涡轮平滑"卷展栏中设置"迭代次数"为2，如图7-6所示。

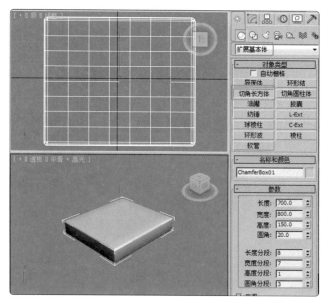

图 7-4

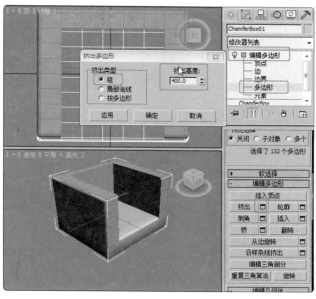

图 7-5

（4）为模型添加"FFD（长方体）"修改器，将选择集定义为"控制点"。在左视图中调整控制点，如图 7-7 所示，关闭选择集。

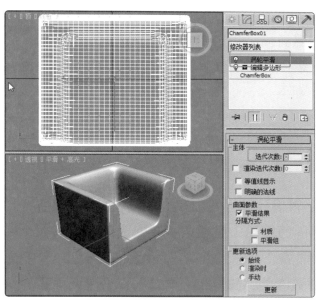

图 7-6

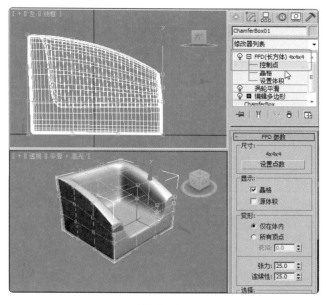

图 7-7

（5）再次为模型添加"FFD（长方体）"修改器，将选择集定义为"控制点"。在左视图中调整控制点，如图 7-8 所示，关闭选择集。

（6）在顶视图中创建切角长方体作为沙发垫模型。在"参数"卷展栏中设置"长度"为595，"宽度"为540，"高度"为100，"圆角"为15，"长度分段"为8，"宽度分段"为7，"高度分段"为1，"圆角分段"为3，调整模型至合适的位置，如图 7-9 所示。

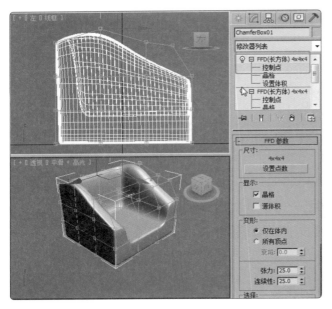

图 7-8

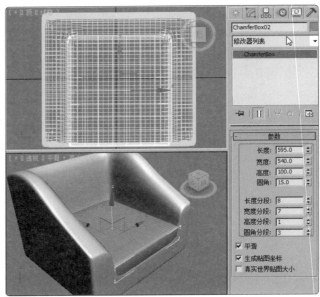

图 7-9

（7）切换到"修改"命令面板，为模型添加"涡轮平滑"修改器。在"涡轮平滑"卷展栏中设置"迭代次数"为 2，如图 7-10 所示。

（8）为模型添加"FFD（长方体）"修改器，将选择集定义为"控制点"。在场景中选择顶部中间的 4 个控制点，在前视图中进行调整，如图 7-11 所示，关闭选择集。

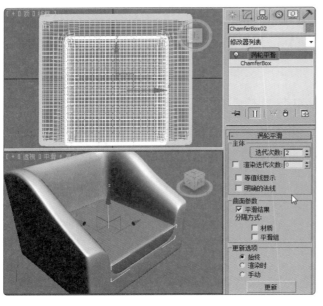

图 7-10

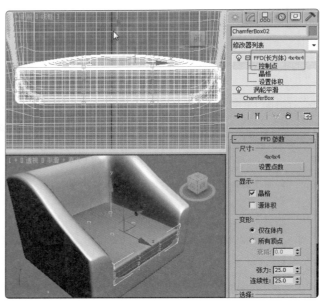

图 7-11

（9）依次单击"※（创建）> 凸（图形）> 样条线 > 矩形"按钮，在左视图中创建圆角矩形。在"参数"卷展栏中设置"长度"为 60，"宽度"为 600，"角半径"为 10，如图 7-12 所示。

（10）切换到"修改"命令面板，为矩形添加"编辑样条线"修改器，将选择集定义为"样条线"。在"几何体"卷展栏中单击"轮廓"按钮，在左视图中拖曳鼠标指针设置合适的轮廓，如图7-13所示，关闭选择集。

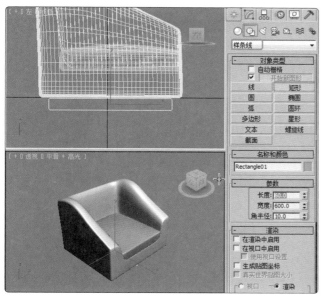

图7-12

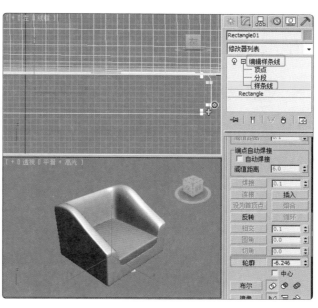

图7-13

（11）为图形添加"挤出"修改器，在"参数"卷展栏中设置"数量"为40。调整模型至合适的位置，制作出沙发腿模型，如图7-14所示。

（12）复制沙发腿模型，并将其调整到另一侧沙发腿的位置，完成的模型如图7-15所示。

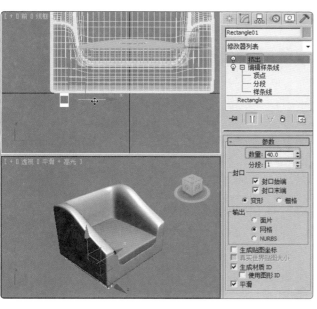

图7-14

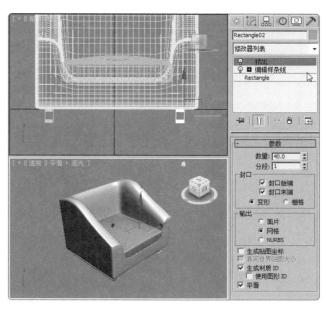

图7-15

7.1.5　扩展实践：制作沙发靠枕模型

本实践是制作沙发靠枕模型。首先创建切角长方体，然后使用 FFD 修改器调整模型的形状。模型效果参看云盘中的"场景 > Cha07 > 沙发靠枕 .max"文件，如图 7-16 所示。

微课

制作沙发靠枕模型

图 7-16

任务 7.2　制作金元宝模型

微课

制作金元宝模型

7.2.1　任务引入

本任务是制作金元宝模型，要求参考元宝图片，使设计出的效果形象、逼真。

7.2.2　设计理念

设计时，依照图片中的造型，将元宝设计的平滑饱满；元宝表面富有光泽感，形象更逼真。模型效果参看云盘中的"场景 > Cha07 > 金元宝 .max"文件，如图 7-17 所示。

图 7-17

7.2.3　任务知识：NURBS 建模

下面通过实例介绍常用的工具和命令。

❶ 创建 NURBS 曲线

依次单击" （创建）> （图形）> NURBS 曲线 > 点曲线"按钮，在视图中创建点曲线。点曲线的创建与线的创建不同，它以点来规定曲线的拐角，创建出的 NURBS 曲线是平滑曲线，如图 7-18 所示。

CV 曲线是由控制点 CV 控制的，CV 不位于曲线上，它们定义一个包含曲线的控制晶格，每一个 CV 具有一个权重，可通过调整它来更改曲线，图 7-19 所示为创建的 CV 曲线。

与图形相同，NURBS 曲线也拥有子对象层级，也可以调整曲线的形状，如图 7-20 所示。

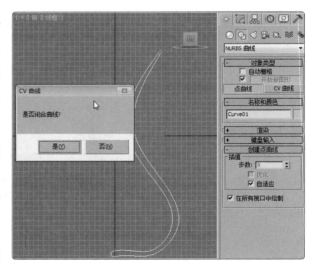

图 7-18

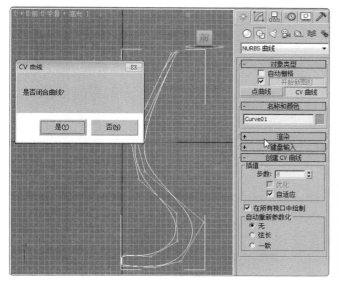
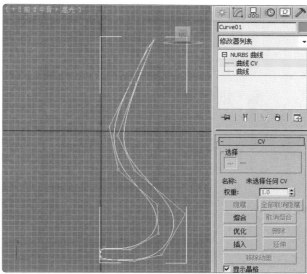

图 7-19　　　　　　　　　　　　　　　　　　　　图 7-20

② 创建 NURBS 曲面

依次单击"　（创建）>　（几何体）>NURBS 曲面 > 点曲面（或 CV 曲面）"按钮，在场景中创建点曲面或 CV 曲面，如图 7-21 所示。

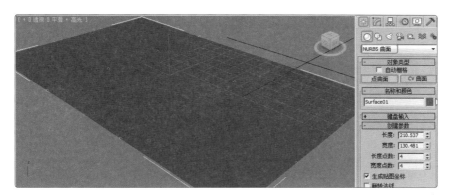

图 7-21

切换到"修改"命令面板，在此可以通过"点"或"曲面"调整模型，如图 7-22 所示。

图 7-22

③ NURBS 工具箱

在"常规"卷展栏中单击"NURBS 创建工具箱"按钮 🔲，可以打开 NURBS 工具箱。下面介绍 NURBS 工具箱中的常用工具。

● 🔳（创建车削曲面）按钮：只能在至少包含一条曲线的 NURBS 对象中启用车削，如图 7-23 所示。切换到"修改"命令面板，在"NURBS"工具箱中单击"创建车削曲面"按钮 🔳，在场景中选择需要车削的曲线以创建车削。图 7-24 所示是车削后的模型效果。

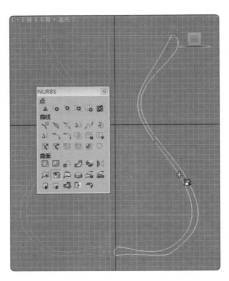

图 7-23

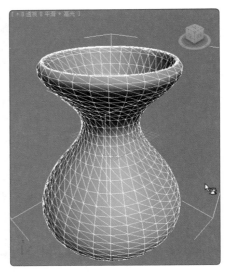

图 7-24

● 🔳（创建 U 向放样曲面）按钮：只能在至少包含两条曲线的 NURBS 对象中启用 U 向放样。图 7-25 所示是创建的放样曲线。

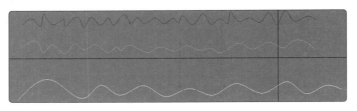

图 7-25

在场景中调整放样曲线，效果如图 7-26 所示。将创建的放样曲线附加在一起，如图 7-27 所示。在工具箱中单击"创建 U 向放样曲面"按钮 🔳，依次选择创建的放样曲线，如图 7-28 所示。

● 🔳（创建曲面上的 CV 曲线）按钮：单击该按钮，可以在曲面上创建曲线，如图 7-29 所示。

在曲面上创建了 CV 曲线后，在"修改"命令面板中可以修剪出 CV 曲线中的曲面，如图 7-30 所示。

● 🔳（创建挤出曲面）按钮：只能在至少包含一条曲线的 NURBS 对象中启用挤出曲面，如图 7-31 所示。

● 🔳（创建封口曲面）：只能在 NURBS 对象中启用封口曲面，如图 7-32 所示。

图 7-26

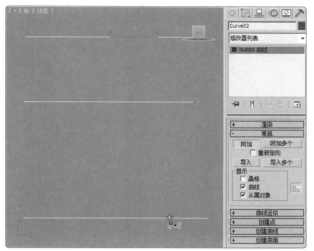

图 7-27

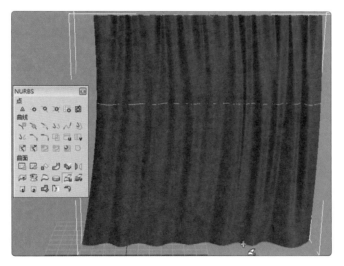

图 7-28

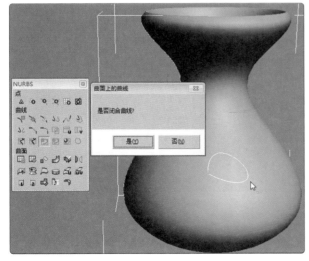

图 7-29

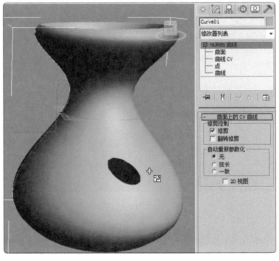

图 7-30

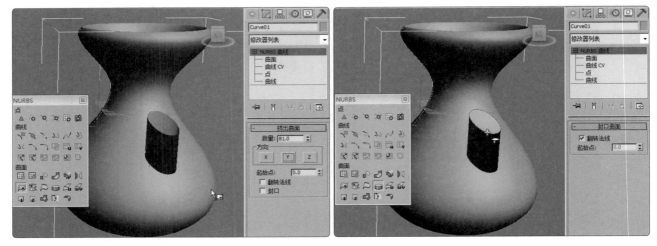

图 7-31　　　　　　　　　　　　　　　　　　图 7-32

7.2.4　任务实施

（1）启动 3ds Max 2014，依次单击"███（创建）> ███（几何体）> 标准基本体 > 球体"按钮，在顶视图中创建球体，在"参数"卷展栏中设置"半径"为 100，"分段"为 50，如图 7-33 所示。

（2）在场景中选择球体模型，单击鼠标右键，在弹出的快捷菜单中选择"转换为 > 转换为 NURBS"命令，如图 7-34 所示。

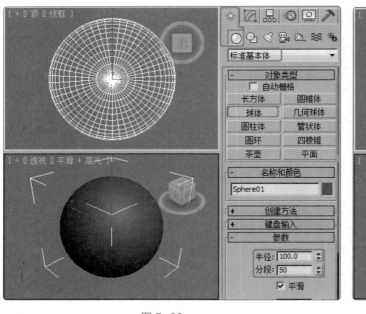

图 7-33

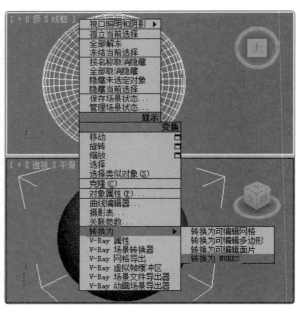

图 7-34

（3）切换到"修改"命令面板，将当前选择集定义为"曲面 CV"，在场景中选择图 7-35所示的 CV 点。

（4）在工具栏中单击"选择并均匀缩放"按钮🔲，在顶视图中均匀缩放模型，如图7-36所示。

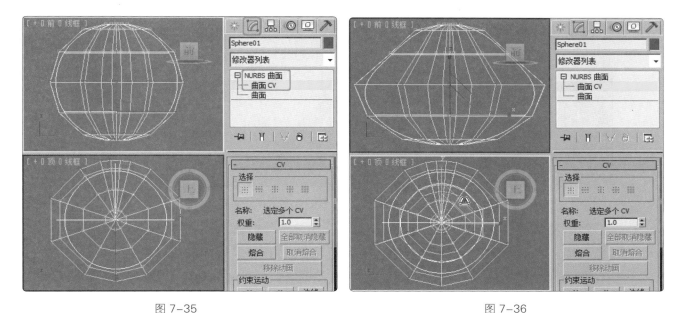

图 7-35　　　　　　　　　　　　　　　　　　　　图 7-36

（5）在前视图中选择上表面的 CV 点，单击"选择并移动"按钮✣，在前视图中调整 CV 点，如图 7-37 所示。

（6）关闭选择集，单击"选择并均匀缩放"按钮🔲，在顶视图中沿 y 轴对模型进行缩放，效果如图 7-38 所示。

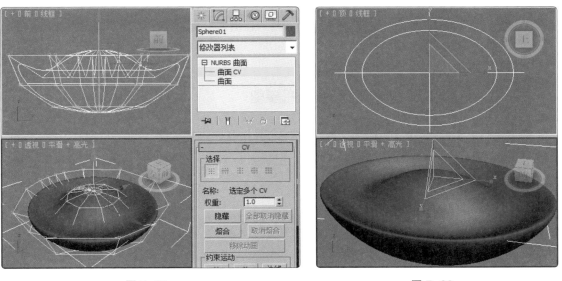

图 7-37　　　　　　　　　　　　　　　　　　　　图 7-38

（7）在前视图中调整两边的 CV 点，如图 7-39 所示。

（8）选择图 7-40 所示的 CV 点。

（9）调整 CV 点，如图 7-41 所示。

（10）继续调整 CV 点，效果如图 7-42 所示。

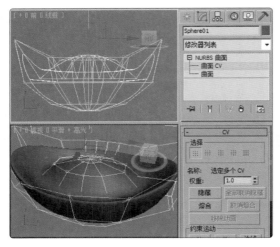

图 7-39

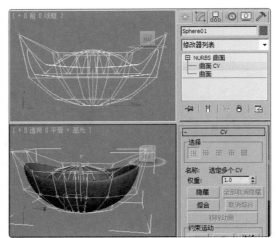

图 7-40

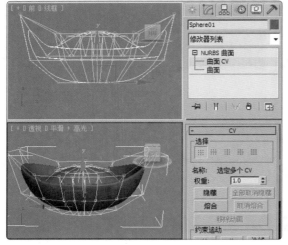

图 7-41

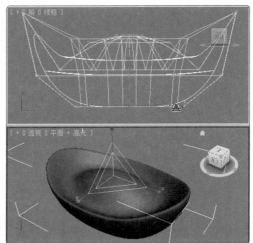

图 7-42

7.2.5　扩展实践：制作青花瓷花瓶模型

　　本实践是制作青花瓷花瓶模型。首先创建 NURBS 曲线，然后单击 NURBS 工具箱中的
（创建车削曲面）按钮，车削出模型。模型效果参看云盘中的"场景 > Cha07 > 青花瓷花
瓶 .max"文件，如图 7-43 所示。

图 7-43

微课

制作青花瓷
花瓶模型

任务 7.3 项目演练：制作洗发水模型

7.3.1 任务引入

本任务是制作洗发水模型，要求瓶身造型独特，色彩干净，令人过目不忘。

7.3.2 设计理念

设计时，使瓶身稍有弧度，曲线优美，造型别致；瓶身用色干净清爽，文字精致，突出简约美。模型效果参看云盘中的"场景 > Cha07 > 洗发水 .max"文件，如图 7-44 所示。

图 7-44

微课

制作洗发水
模型

项目8

制作模型材质效果
——设置材质和纹理贴图

08

VRay是目前较常用的优秀渲染插件，在产品渲染和室内外效果图制作领域，VRay的表现非常突出。使用VRay材质，可以进行漫反射、反射、折射、透明、双面等属性设置（该材质类型必须在当前渲染器类型为VRay时才能使用），而贴图系统中的VRay贴图类似于3ds Max 2014贴图系统中的光线跟踪贴图，其功能更加强大。本项目将介绍如何设置材质和纹理贴图。通过本项目的学习，读者可以掌握制作模型材质效果的方法和技巧。

学习引导

知识目标
- 掌握标准材质的设置方法
- 掌握 VRay 材质的设置方法

能力目标
- 掌握材质的使用方法
- 掌握纹理贴图的应用技巧

素养目标
- 培养对材质的分辨能力
- 培养对纹理的审美能力

实训项目
- 制作钢管金属材质效果
- 制作软塑料材质效果
- 制作玻璃材质效果

任务 8.1　制作钢管金属材质效果

微课

制作钢管金属
材质效果

8.1.1　任务引入

本任务是制作钢管金属材质效果，要求体现出金属材质的特点，显示出强烈的高光和反射效果。

8.1.2　设计理念

设计时，使钢管的材质具有金属的特性，并使钢管具有真实的反射效果。模型效果参看云盘中的"场景 > Cha08 > 钢管金属材质 ok.max"文件，如图 8-1 所示。

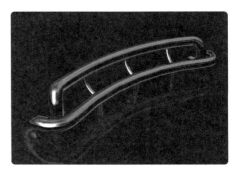

图 8-1

8.1.3　任务知识：材质编辑器

① "材质编辑器"窗口

3ds Max 的材质编辑器是一个独立的模块，可以通过"渲染 > 材质编辑器"命令，或在工具栏中单击 （材质编辑器）按钮，或者按快捷键 M 打开"材质编辑器"窗口，如图 8-2 所示。

"材质编辑器"窗口中各部分的功能如下。

● **标题栏**：用于显示当前材质的名称，如图 8-3 所示。

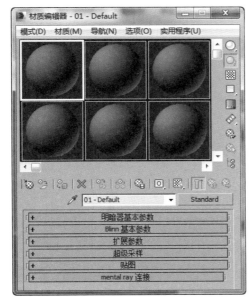

图 8-2

图 8-3

- **菜单栏：**包含常用的材质编辑命令，如图 8-4 所示。
- **实例列表框：**用于显示材质的情况，如图 8-5 所示。

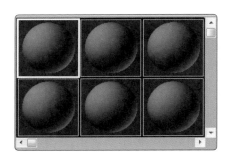

图 8-4　　　　　　　　　　　　　　　　　图 8-5

- **工具按钮：**用于进行快捷操作，如图 8-6 所示。
- **参数控制区：**用于编辑和修改材质效果，如图 8-7 所示。

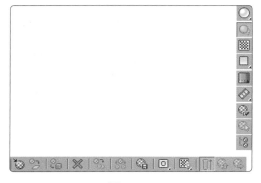

图 8-6

图 8-7

下面简单介绍常用的工具按钮。

- ▦ （**获取材质**）按钮：用于从材质库中获取材质，材质库文件为 .mat 文件。
- ▦ （**将材质指定给选定对象**）按钮：用于指定材质。
- ▦ （**在视口中显示标准贴图**）按钮：用于在视图中显示贴图。
- ▦ （**转到父对象**）按钮：用于返回材质的上一层。
- ▦ （**转到下一个同级项**）按钮：用于从当前材质层转到同一层的另一个贴图或材质层。
- ▦ （**背景**）按钮：用于增加方格背景，常用于编辑透明材质。
- ▦ （**按材质选择**）按钮：用于根据材质选择场景中的对象。

② "明暗器基本参数" 卷展栏

"明暗器基本参数" 卷展栏可用于选择标准材质的明暗器类型。选择一个明暗器，"基本参数" 卷展栏中将显示所选明暗器的控件。默认明暗器为 Blinn，如图 8-8 所示。

- **Blinn：**适用于圆形表面，这种类型的高光要比 Phong 的柔和。
- **金属：**适用于金属表面。
- **各向异性：**适用于椭圆形表面，如果为头发、玻璃或磨砂金属建模，这种类型的高光很有用。

- **多层**：适用于建立比各向异性更复杂的高光模型。
- **Oren-Nayar-Blinn**：适用于无光表面，如纤维或赤土。
- **Phong**：适用于具有很高强度的圆形高光的物体表面。
- **Strauss**：适用于金属和非金属表面，Strauss 明暗器的界面比其他明暗器的简单。
- **半透明明暗器**：与 Blinn 类似，可用于实现半透明效果。在这种情况下，光线穿过材质时会散开。
- **"线框"复选框**：勾选该复选框，可以以线框模式渲染材质，效果如图 8-9 所示。用户可以在"扩展参数"卷展栏中设置线框的大小。

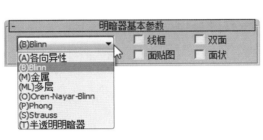

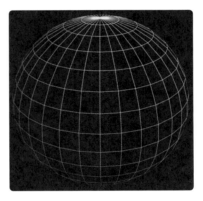

图 8-8　　　　　　　　　　　　　　　图 8-9

- **"双面"复选框**：勾选该复选框，可以使材质成为两面，即将材质应用到选定面的双面。图 8-10（a）所示是未勾选"双面"复选框的效果，图 8-10（b）所示是勾选"双面"复选框的效果。

（a）　　　　　　　　　　　　　　　（b）

图 8-10

- **"面贴图"复选框**：勾选该复选框，可以将材质应用到几何体的各面。如果材质是贴图材质，则不需要贴图坐标。图 8-11（a）所示是未勾选"面贴图"复选框的效果，图 8-11（b）所示是勾选"面贴图"复选框的效果。

（a）　　　　　　　　　　　　　　（b）

图 8-11

- **"面状"复选框**：勾选该复选框，可以渲染表面的每一面。

③ "基本参数"卷展栏

"基本参数"卷展栏中的选项因所选的明暗器不同而不同，下面以"Blinn 基本参数"卷展栏为例介绍常用的选项（见图 8-12）。

- **"环境光"色块**：用于控制环境光的颜色，环境光颜色是位于阴影中的颜色（间接灯光）。

- **"漫反射"色块**：用于控制漫反射颜色，漫反射颜色是位于直射光中的颜色。

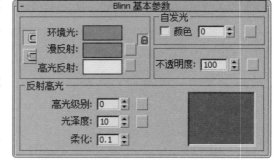

图 8-12

- **"高光反射"色块**：用于控制高光反射颜色，高光反射颜色是发光物体高亮显示的颜色。

- **"自发光"组**：使用漫反射颜色替换曲面上的阴影，从而创建白炽效果。增加自发光时，自发光颜色将取代环境光。图 8-13（a）所示是"颜色"设置为 0 的效果，图 8-13（b）所示是"颜色"设置为 80 的效果。

（a）　　　　　　　　　　　　　　（b）

图 8-13

- **"不透明度"数值框**：用于控制材质的不透明度。

- **"高光级别"数值框**：用于影响反射高光的强度，随着该值的增大，高光将越来越亮。

●**"光泽度"数值框**：用于影响反射高光的大小，随着该值的增大，高光将越来越小，材质将变得越来越亮。

●**"柔化"数值框**：用于柔化反射高光的效果。

④ **"贴图"卷展栏**

"贴图"卷展栏如图 8-14 所示，其中包含每个贴图类型的按钮。单击这些按钮可选择计算机中存储的位图文件，或者选择程序性贴图类型。选择位图文件之后，它的名称和类型会出现在按钮上。勾选或取消勾选按钮左边的复选框，可禁用或启用贴图效果。下面介绍常用的贴图类型。

●**漫反射颜色**：用于选择位图文件或程序贴图，将图案或纹理指定给材质的漫反射颜色。

●**自发光**：用于选择位图文件或程序贴图来设置自发光值的贴图，这样将使对象的部分发光。贴图的

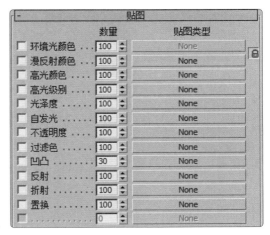

图 8-14

白色区域渲染为完全自发光；黑色区域不使用自发光渲染；灰色区域渲染为部分自发光，具体情况取决于灰度值。

●**不透明度**：用于选择位图文件或程序贴图来生成部分透明的对象；贴图的浅色（较高的值）区域渲染为不透明，深色区域渲染为透明，深色与浅色之间的区域渲染为半透明。

●**反射**：用于设置贴图的反射，可以选择位图文件设置金属和瓷器的反射图像。

●**折射**：类似于反射贴图，将图案或纹理贴在对象表面，使图像看起来就像透过对象表面看到的一样。

8.1.4 任务实施

（1）启动 3ds Max 2014，单击"应用程序"按钮 ，在弹出的菜单中选择"打开"命令，打开云盘中的"场景 > Cha08 > 钢管金属材质 .max"文件，如图 8-15 所示。

（2）选择钢管模型，按快捷键 M，打开"材质编辑器"窗口。选择一个新的材质样本球，将其命名为"钢管"，在"明暗器基本参数"卷展栏中设置明暗器类型为"金属"。

（3）在"金属基本参数"卷展栏中设置"环境光"的"红""绿""蓝"值分别为 0、0、0，设置"漫反射"的"红""绿""蓝"值分别为 255、255、255，在"反射高光"组中设置"高光级别"和"光泽度"分别为 100 和 80，如图 8-16 所示。

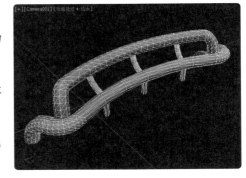

图 8-15

（4）在"贴图"卷展栏中单击"反射"后的"None"按钮，在弹出的"材质/贴图浏览器"对话框中选择"位图"选项，单击"确定"按钮，如图8-17所示。

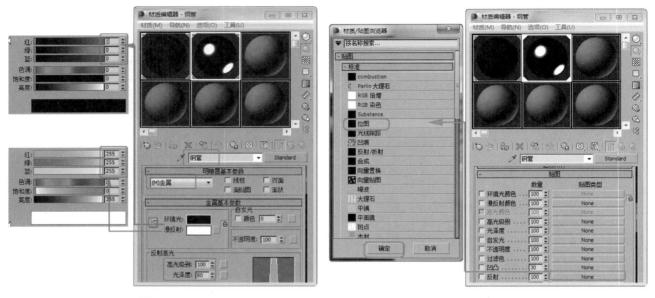

图 8-16   图 8-17

（5）在弹出的对话框中选择云盘中的"贴图 > LAKEREM.JPG"文件，单击"打开"按钮，如图8-18所示，进入贴图层级，使用默认参数。

（6）单击 （转到父对象）按钮，返回上一级面板。在"贴图"卷展栏中设置"反射"的"数量"为60，如图8-19所示。确定场景中的钢管模型处于选中状态，单击"将材质指定给选定对象"按钮 ，为钢管模型指定材质。

图 8-18   图 8-19

8.1.5 扩展实践：制作石材材质效果

本实践是制作石材材质效果。首先设置漫反射贴图为位图，然后指定一个位图石材贴图。模型效果参看云盘中的"场景 > Cha08 > 石材材质 ok.max"文件，如图 8-20 所示。

图 8-20

微课

制作石材
材质效果

任务 8.2 制作软塑料材质效果

8.2.1 任务引入

微课

制作软塑料
材质效果

本任务是制作软塑料材质的玩具鸭子模型，要求鸭子造型可爱，并可以显示出软塑料材质的反射效果（这里的反射是一种模糊反射）。

8.2.2 设计理念

设计时，采用鲜艳的颜色搭配，使鸭子更加鲜活、可爱；通过反射效果突出鸭子的软塑料材质。最终效果参看云盘中的"场景 > Cha08 > 软塑料材质 ok.max"文件，如图 8-21 所示。

图 8-21

8.2.3 任务知识："VRay"和"多维/子对象"参数

1 VRay "基本参数" 卷展栏

◎ "漫反射"组

"漫反射"组用于控制材质的漫反射颜色，还可以通过贴图设置漫反射效果，如图 8-22 所示。

◎ "自发光"组

"自发光"组用于控制材质的自发光，设置自发光的颜色可以改变材质的发光方式，还可以为其添加位图，如图 8-23 所示。

图 8-22

图 8-23

◎ "反射"组

"反射"组用于控制材质的表面反射效果，如图 8-24 所示。反射效果是由颜色控制的，颜色越浅表示表面反射越强，设置成灰色就可以由完全漫反射变成有一部分的表面反射的效果，设置成白色可以模拟表面不锈钢的效果。下面介绍部分选项的功能。

- "反射"色块：用于设置反射的强度，白色为镜面反射，黑色为不反射，颜色越浅反射强度越大。

- "高光光泽度"数值框：用于设置高光边缘的模糊程度，对于表面不是十分光滑并且有一点点粗糙的对象，可以把高光光泽度降低一些。

- "反射光泽度"数值框：有磨砂感觉的对象可以借此调节，该值越小越模糊。

- "细分"数值框：用于控制模糊的精细程度，值越大模糊效果越细腻，渲染的时间也越长，一般设置为 3 ～ 5 即可。

- "菲涅耳反射"复选框：勾选该复选框，可以应用菲涅耳反射。菲涅耳反射是一种非常特殊的反射，它可以使正面面向人们的对象的反射变得比较模糊，侧面面向人们的对象的反射变得比较清晰，如玻璃和陶瓷。

- "菲涅耳折射率"数值框：该值越大，反射效果越弱。如果该值为 1，就完全没有地面反射了。

- "最大深度"数值框：相互照射的次数，1 表示相互照射 1 次，2 表示相互照射 2 次，以此类推；该值越大，渲染时间越长。

- "退出颜色"色块：当对象的折射次数达到最大次数时，就会停止计算折射，这时由于折射次数不够造成的折射区域的颜色就会用退出颜色来代替。退出颜色色块也可以理解为反光的颜色。

◎ "折射"组

折射是透明物体具有的特性，如水、玻璃、钻石等。"折射"组的参数如图 8-25 所示。

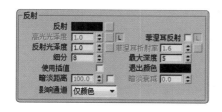

图 8-24

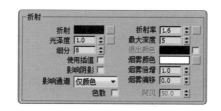

图 8-25

2 "多维/子对象"材质

使用"多维/子对象"材质可以根据几何体的子对象层级分配不同的材质。创建多维材质，将其指定给对象，使用网格选择修改器选中面，就可以将多维材质中的子材质指定给选中的面，或者为选定的面指定不同的材质 ID，并设置对应 ID 的材质了。图 8-26 所示为"多维/子对象基本参数"卷展栏。

● **"设置数量"按钮**：单击该按钮，在弹出的对话框中可以设置子材质的数量。

● **"添加"按钮**：单击该按钮，可将新子材质添加到列表中。

● **"删除"按钮**：单击该按钮，可以从列表中移除当前选中的子材质。

图 8-26

8.2.4 任务实施

（1）启动 3ds Max 2014，单击"应用程序"按钮 ，在弹出的菜单中选择"打开"命令，打开云盘中的"场景 > Cha08 > 软塑料材质 .max"文件，该素材文件中已经为小鸭子模型设置了材质 ID、ID1 的多边形，如图 8-27 所示。

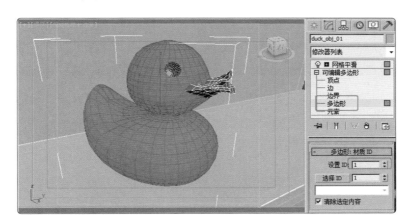

图 8-27

（2）设置材质 ID2，如图 8-28 所示。

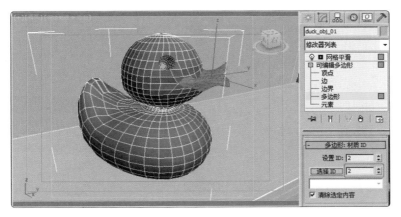

图 8-28

（3）打开"材质编辑器"窗口，为小鸭子设置软塑料材质。选择一个新的材质样本球，单击"Standard"按钮，在弹出的"材质／贴图浏览器"中选择"多维／子对象"材质，单击"确定"按钮，如图8-29所示。

（4）将材质转换为多维／子对象后，显示"多维／子对象基本参数"卷展栏。单击"设置数量"按钮，在弹出的对话框中设置"材质数量"为2，单击"确定"按钮，如图8-30所示。

图8-29

图8-30

（5）在"多维／子对象基本参数"卷展栏中单击1号材质后的灰色长条按钮，进入1号材质面板。单击名称右侧的"Standard"按钮，在弹出的"材质／贴图浏览器"对话框中选择"VRayMtl"选项，单击"确定"按钮，如图8-31所示。

（6）在1号材质的"基本参数"卷展栏中设置"反射"组中的"反射"的"红""绿""蓝"值分别为20、20、20，单击L按钮使其弹起，设置"高光光泽度"为0.5，"反射光泽度"为0.8，如图8-32所示。

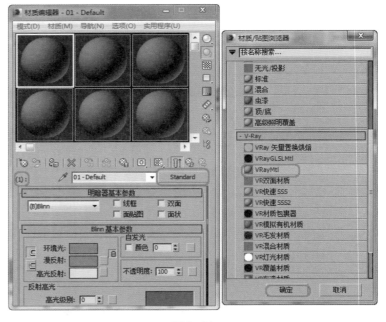

图8-31

（7）在"双向反射分布函数"卷展栏的类型下拉列表框中选择"多面"选项，如图8-33所示。

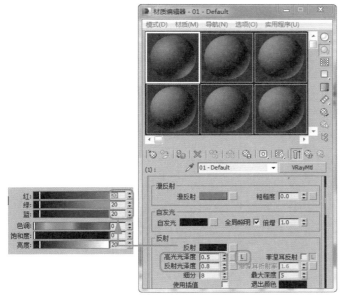

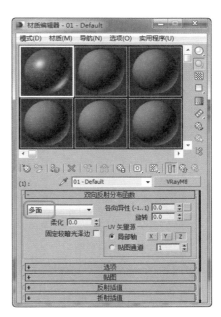

图 8-32   图 8-33

（8）在"贴图"卷展栏中单击"漫反射"后的"无"按钮，在弹出的"材质 / 贴图浏览器"对话框中选择"衰减"选项，单击"确定"按钮，如图 8-34 所示。

（9）进入漫反射的贴图层级，在"衰减参数"卷展栏中设置第一个色块的"红""绿""蓝"值分别为 246、202、25，设置第二个色块的"红""绿""蓝"值分别为 244、231、145，如图 8-35 所示。

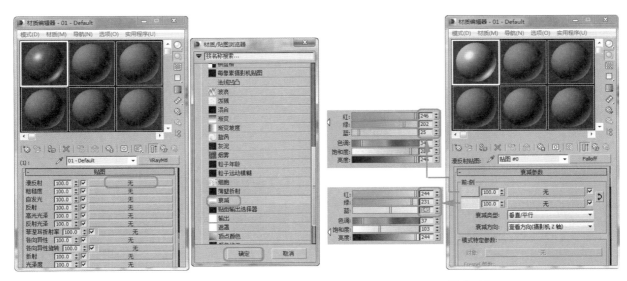

图 8-34   图 8-35

（10）单击两次"转到父对象"按钮 ，回到主材质面板。单击 2 号材质，进入 2 号材质面板，单击材质名称后的"Standard"按钮，在弹出的"材质 / 贴图浏览器"对话框中选择"VRayMtl"选项，单击"确定"按钮，如图 8-36 所示。

（11）在"贴图"卷展栏中单击"漫反射"后的"无"按钮，在弹出的"材质 / 贴图浏览器"对话框中选择"衰减"选项，单击"确定"按钮，如图 8-37 所示。

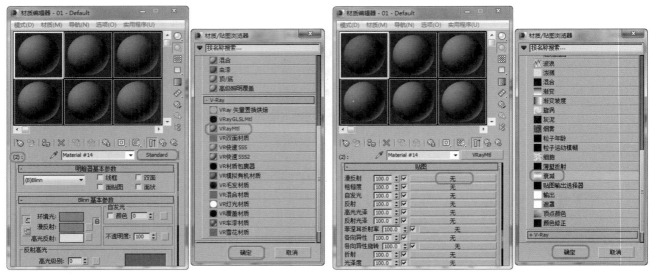

图 8-36　　　　　　　　　　　　　　　　　　　　　图 8-37

（12）进入漫反射的贴图层级，在"衰减参数"卷展栏中设置第一个色块的"红""绿""蓝"值分别为 128、0、0，设置第二个色块的"红""绿""蓝"值分别为 151、47、47，如图 8-38 所示。

（13）将设置的材质指定给场景中的鸭子模型。选择一个新的材质球，将其材质转换为"VRayMtl"。在"基本参数"卷展栏中设置"漫反射"的"红""绿""蓝"值均为 0，设置"反射"中"反射"的"红""绿""蓝"值均为 29，单击"高光光泽度"后的 L 按钮，使其弹起，设置"高光光泽度"为 0.4，"反射光泽度"为 0.6，如图 8-39 所示。

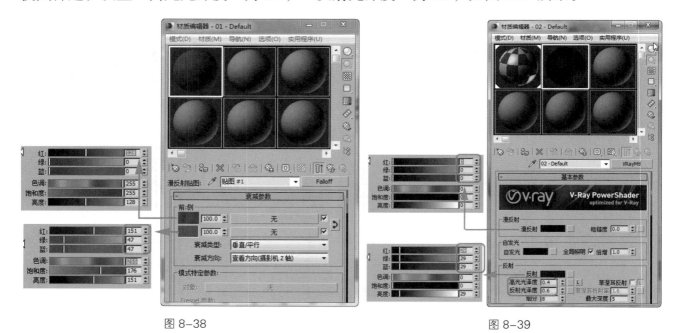

图 8-38　　　　　　　　　　　　　　　　　　　　　图 8-39

（14）在"双向反射分布函数"卷展栏中设置类型为"多面"，如图 8-40 所示，将该材质球指定给鸭子模型的眼睛。

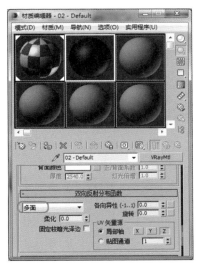

图 8-40

8.2.5 扩展实践：制作镜面不锈钢材质效果

本实践是制作镜面不锈钢材质效果。可通过设置 VRay 材质中的"反射"参数来表现不锈钢材质的反射效果。模型效果参看云盘中的"场景 > Cha08 > 镜面不锈钢材质 ok.max"文件，如图 8-41 所示。

图 8-41

微课

制作镜面
不锈钢材质
效果

任务 8.3 制作玻璃材质效果

8.3.1 任务引入

本任务是制作玻璃材质效果，要求瓶身透明，其中的液体具有真实的反射、折射效果。

8.3.2 设计理念

设计时，玻璃瓶采用椭圆形的瓶身和漏斗形的瓶口，形状简约；透明的材质让玻璃瓶

微课

制作玻璃
材质效果

更加逼真；瓶中液体的反射、折射效果等使模型更加逼真。模型效果参看云盘中的"场景 > Cha08 > 玻璃材质 ok.max"文件，如图 8-42 所示。

图 8-42

8.3.3 任务知识："折射"组

控制透明度，折射的颜色越白越透明，黑色为不透明（制作玻璃或纱窗材质时，常在折射里加入"衰减"贴图）。图 8-43 所示是"折射"组，其中的常用选项说明如下。

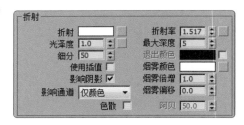

图 8-43

- **"折射"色块**：用于设置折射的颜色。
- **"光泽度"数值框**：用于设置折射的模糊值。
- **"细分"数值框**：用于设置模糊的细腻程度。
- **"折射率"数值框**：用于设置材质的折射率。该值为 1 时不产生任何折射效果，设置适当的值可以得到很好的折射效果。
- **"最大深度"数值框**：用于设置折射时，相互之间光线反复的次数。
- **"退出颜色"色块**：当光线在场景中的反射次数达到此处定义的最大深度值时，停止反射。
- **"烟雾颜色"色块**：用于设置过滤色，VRay 允许用雾来填充折射的物体。
- **"烟雾倍增"数值框**：用于设置过滤色强度，较小的值产生透明的烟雾颜色。
- **"影响通道"下拉列表框**：用于指定哪些通道受到材质透明度的影响。
- **"烟雾偏移"数值框**：用于设置烟雾颜色的应用参数。
- **"阿贝"数值框**：用于增强或减弱分散效应，启用此选项并降低该值会扩大分散值，升高该值将缩小分数值。
- **"色散"复选框**：用于控制是否形成色散效果。

提示　　下面这些常用的装饰材质的折射参数较常使用，读者应熟记。水的折射率为 1.33，钻石的折射率为 2.4，玻璃的折射率为 1.517，水晶的折射率为 2，宝石的折射率为 1.77。

- **"使用插值"复选框**：勾选该复选框，VRay 能够使用一种类似发光贴图的缓存方式来加速模糊折射的计算速度。
- **"影响阴影"复选框**：用于控制模型是否产生透明阴影，透明阴影的颜色取决于漫反射和烟雾颜色。

8.3.4 任务实施

（1）启动 3ds Max 2014，单击"应用程序"按钮![图标]，在弹出的菜单中选择"打开"命令，打开云盘中的"场景 > Cha08 > 玻璃材质 .max"文件。

（2）在场景中选择玻璃瓶模型，按快捷键 M，打开"材质编辑器"窗口。单击"Standard"按钮，弹出"材质 / 贴图浏览器"对话框，选择"VR 材质包裹器"选项，单击"确定"按钮，如图 8-44 所示。

（3）在"VR 材质包裹器参数"卷展栏中单击"基本材质"后的材质按钮，进入"基本材质"设置面板，将材质转换为"VRayMtl"。在"基本参数"卷展栏中设置"漫反射"的"红""绿""蓝"值均为 0，在"反射"组中设置"反射"的"红""绿""蓝"值均为 254，设置"反射光泽度"为 0.98，"细分"为 3，在"折射"组中设置"折射"的"红""绿""蓝"值分别为 243、13、13，设置"细分"为 50，"折射率"为 1.33，勾选"影响阴影"复选框，设置"烟雾颜色"的"红""绿""蓝"值分别为 248、114、144，设置"烟雾倍增"为 0.1，如图 8-45 所示。

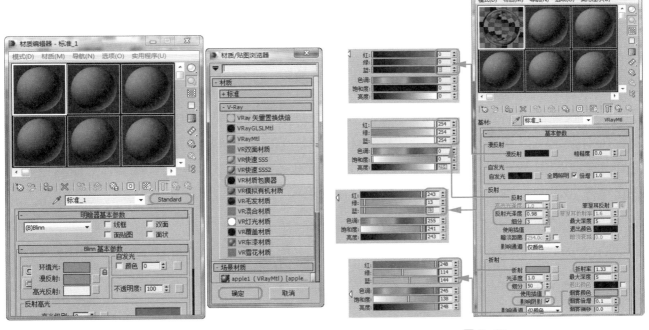

图 8-44

图 8-45

（4）在"贴图"卷展栏中为"反射"指定"衰减"贴图。进入"反射贴图"层级面板，在"衰减参数"卷展栏中设置"前 / 侧"第一个色块颜色的"红""绿""蓝"值均为 25，第二个色块颜色的"红""绿""蓝"值均为 254，选择"衰减类型"为 Fresnel，在"模式特定参数"组中取消勾选"覆盖材质 IOR"复选框，如图 8-46 所示。

（5）单击"转到父对象"按钮![图标]返回上一级。在"反射插值"卷展栏中设置"最小比率"

为 -3，"最大比率"为 0，在"折射插值"卷展栏中设置"最小比率"为 -3，"最大比率"为 0，如图 8-47 所示。

（6）单击"转到父对象"按钮 返回上一级。在"VR 材质包裹器参数"卷展栏中设置"生成全局照明"为 0.8、"接收全局照明"为 0.8，如图 8-48 所示。单击 （将材质指定给选定对象）按钮，将材质指定给玻璃瓶模型。

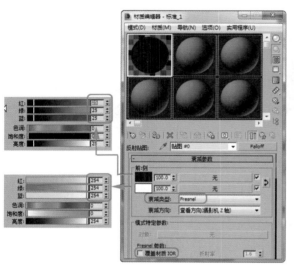
图 8-46

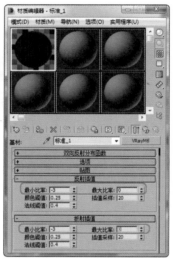
图 8-47

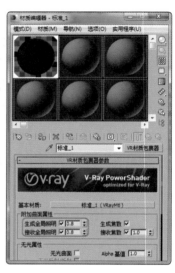
图 8-48

8.3.5 扩展实践：制作有色玻璃材质效果

本实践是制作有色玻璃材质效果。设置有色玻璃材质主要是设置材质的"折射"参数，设置折射颜色可以调整玻璃的透明程度，设置"烟雾颜色"参数可以指定玻璃的颜色，设置"烟雾倍增"参数可以设置玻璃颜色的强度。模型效果参看云盘中的"场景 > Cha08 > 有色玻璃材质 ok.max"文件，如图 8-49 所示。

图 8-49

微课

制作有色玻璃
材质效果

任务 8.4 项目演练：制作高光木纹材质效果

8.4.1 任务引入

本任务是为木柜模型制作高光木纹材质效果，要求模型突出高光木纹材质，柜子色泽鲜艳，具有较强的视觉冲击力，给人以高雅、华丽的感觉。

8.4.2 设计理念

设计时，采用鲜艳、饱满的颜色，突出模型主体；通过高光木纹材质的反光效果，营造木柜的华丽感。模型效果参看云盘中的"场景 > Cha08 > 高光木纹理材质 ok.max"文件，如图 8-50 所示。

图 8-50

微课

制作高光木纹
材质效果

项目9

制作摄影灯光效果
——应用摄影机和灯光

09

灯光的主要作用是照亮场景、烘托场景气氛、产生视觉冲击。照明的程度是由灯光的亮度决定的，气氛是由灯光的颜色、衰减和阴影决定的，视觉冲击是结合建模、材质，以及灯光摄影机来实现的。本项目将介绍如何应用摄像机和灯光。通过本项目的学习，读者可以掌握制作摄影灯光效果的方法和技巧。

学习引导

知识目标

- 了解目标聚光灯和天光
- 了解目标摄影机和"VRay阴影参数"卷展栏
- 了解目标灯光和"泛光灯"

能力目标

- 掌握聚光灯和天光的创建方法
- 掌握摄影机的创建方法和VRay阴影参数设置
- 掌握场景的布光

素养目标

- 培养对各种灯光应用场景的熟悉度
- 培养对摄影机的应用能力

实训项目

- 制作花篮的灯光效果
- 制作开酒器灯光效果
- 制作筒灯效果
- 制作卧室灯光效果

任务 9.1　制作花篮的灯光效果

9.1.1　任务引入

本任务是为花篮制作灯光效果，要求明暗层次分明，使花篮更逼真。

9.1.2　设计理念

设计时，使用具有层次感的照明和阴影效果模拟真实的灯光效果，使花篮栩栩如生。模型效果参看云盘中的"场景 > Cha09 > 花篮灯光 ok.max"文件，如图 9-1 所示。

9.1.3　任务知识：目标聚光灯和天光

❶ 目标聚光灯

图 9-1

聚光灯是一种经常使用的有方向的光源，类似于舞台上的强光灯，用它可以准确地控制光束的大小。

创建目标聚光灯的步骤如下。

（1）启动 3ds Max 2014，依次单击"■（创建）> ■（灯光）> 标准 > 目标聚光灯"按钮，按住鼠标左键并拖曳，在场景中创建目标聚光灯。拖曳的起始点是聚光灯的位置，释放鼠标左键的点就是目标位置，如图 9-2 所示。

（2）在相应卷展栏中对目标聚光灯进行设置，如图 9-3 所示。

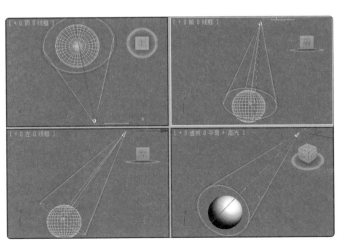

图 9-2

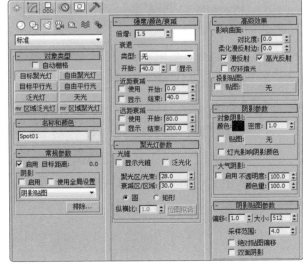

图 9-3

（3）单击 ⊕（选择并移动）按钮，在场景中调整目标聚光等的位置和角度。

该面板中的常用选项介绍如下。

◎ "常规参数"卷展栏

"常规参数"卷展栏用于启用或禁用灯光和灯光阴影，以及排除或包含照射场景中的对象。

◎ "强度／颜色／衰减"卷展栏

在"强度／颜色／衰减参数"卷展栏中可以设置灯光的颜色和强度，也可以定义灯光的衰减。

● **"倍增"数值框**：用于控制灯光的光照强度，单击右侧的色块，可以设置灯光的光照颜色。

（1）"近距衰减"组中的选项如下。

● **"开始"数值框**：用于设置灯光开始淡入的距离。

● **"结束"数值框**：用于设置灯光达到其全值的距离。

● **"使用"复选框**：用于启用或禁用灯光的近距衰减。

● **"显示"复选框**：用于控制是否在视口中显示近距衰减范围。

（2）"远距衰减"组中的选项如下。

● **"开始"数值框**：用于设置灯光开始淡出的距离。

● **"结束"数值框**：用于设置灯光减为 0 的距离。

● **"使用"复选框**：用于启用或禁用灯光的远距衰减。

● **"显示"复选框**：用于控制是否在视口中显示远距衰减范围。

◎ "聚光灯参数"卷展栏

"聚光灯参数"卷展栏用于控制聚光灯的聚光区和衰减区。

● **"显示光锥"复选框**：用于启用或禁用圆锥体的显示。

● **"泛光化"复选框**：当设置泛光化时，灯光将投射在各个方向，但是投影和阴影只发生在其衰减圆锥体内。

● **"聚光区／光束"数值框**：用于调整灯光圆锥体的角度。

● **"衰减区／区域"数值框**：用于调整灯光衰减区的角度。

◎ "高级效果"卷展栏

"高级效果"卷展栏用于设置灯光、曲面方式等。

"投影贴图"组中的选项如下。

● **"贴图"复选框**：勾选该复选框，可以通过"贴图"按钮投射选定的贴图，取消勾选该复选框可以禁用投影。

可以从"材质编辑器"中指定的任何贴图拖曳，或从任何其他贴图按钮（如"环境"面板上）拖曳，并将贴图放置在灯光的"贴图"按钮上。单击"贴图"按钮，打开"材质／贴图浏览器"对话框，在该对话框中选择贴图类型，然后将按钮拖曳到"材质编辑器"窗口中，使用"材质编辑器"窗口选择和调整贴图。

② 天光

天光主要用来建立日光场景效果，天光常与光跟踪器渲染器结合使用。

"天光参数"卷展栏如图 9-4 所示。

- **"启用"复选框**：用于启用和禁用灯光。
- **"倍增"数值框**：用于设置将灯光的功率放大一个正的或负的量。
- ◎ **"天空颜色"组**
- **"使用场景环境"单选按钮**：使用"环境"面板上设置的灯光颜色。
- **"天空颜色"单选按钮**：单击色块可显示颜色选择器，在其中选择天光颜色。
- **"贴图"复选框**：勾选该复选框，可以使用贴图影响天光颜色。
- ◎ **"渲染"组**
- **"投影阴影"复选框**：勾选该复选框，使天光投射阴影。
- **"每采样光线数"数值框**：用于设置落在场景中指定点上的天光光线数。
- **"光线偏移"数值框**：用于设置对象可以在场景中指定点上投射阴影的最短距离。

图 9-4

9.1.4 任务实施

① 在视口中创建摄影机

（1）启动 3ds Max 2014，单击"应用程序"按钮 ，在弹出的菜单中选择"打开"命令，打开云盘中的"场景 > Cha09 > 花篮灯光 .max"文件，如图 9-5 所示。

（2）在场景中调整透视视图中观察对象的角度，按 Ctrl+C 组合键，在视口中创建摄影机，如图 9-6 所示。

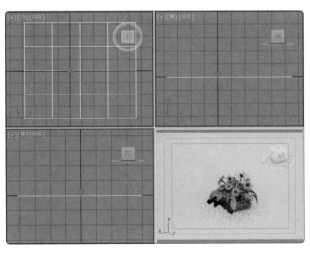

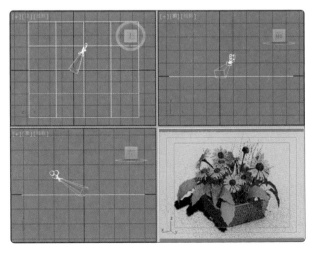

图 9-5　　　　　　　　　　　　　　　　图 9-6

2 创建灯光

（1）依次单击"💥（创建）> 🔦（灯光）> 标准 > 目标聚光灯"按钮，在顶视图中创建目标聚光灯，如图 9-7 所示。在前视图和左视图中调整灯光的照射角度和位置，如图 9-8 所示。

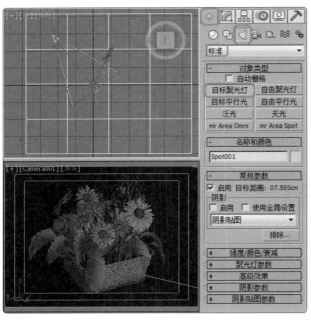

图 9-7   图 9-8

（2）切换到"修改"命令面板，在"常规"参数卷展栏中勾选"阴影"组中的"启用"复选框，选择阴影类型为"区域阴影"，在"强度 / 颜色 / 衰减"卷展栏中设置"倍增"为 1，在"聚光灯参数"卷展栏中设置"聚光区 / 光束"为 0.5，"衰减区 / 区域"为 100，如图 9-9 所示。

（3）渲染当前场景，得到图 9-10 所示的效果。

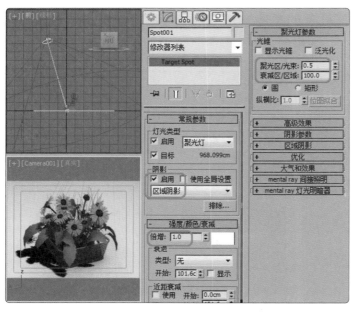

图 9-9   图 9-10

（4）依次单击"　（创建）>　（灯光）>标准>天光"按住，在顶视图中创建天光，如图 9-11 所示。

（5）在工具栏中单击"渲染设置"按钮　，在弹出的窗口中单击"高级照明"选项卡，设置高级照明为"光跟踪器"，使用默认的参数，如图 9-12 所示，对场景进行渲染。

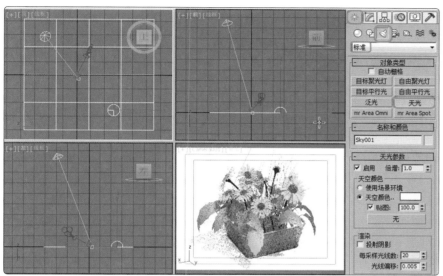

图 9-11

图 9-12

（6）渲染场景的效果如图 9-1 所示。

9.1.5　扩展实践：制作抽纸灯光效果

本实践是制作抽纸灯光效果。首先在视口中调整模型的角度，按 Ctrl+C 组合键创建摄影机，然后在场景中创建天光，结合"光跟踪器"渲染器渲染场景。模型效果参看云盘中的"场景 > Cha09 > 抽纸灯光 ok.max"文件，如图 9-13 所示。

图 9-13

微课

制作抽纸
灯光效果

任务 9.2　制作开酒器灯光效果

9.2.1　任务引入

本任务是使用 VRay 渲染器对开酒器模型模拟真实的照明效果，要求灯光效果真实、自然。

9.2.2　设计理念

设计时，采用常见的开酒器模型，突出其金属质感；照明效果要自然，阴影真实。模型效果参看云盘中的"场景 > Cha09 > 开酒器灯光 ok.max"文件，如图 9-14 所示。

微课

制作开酒器
灯光效果

图 9-14

9.2.3 任务知识：目标摄影机和"VRay 阴影参数"卷展栏

❶ 目标摄影机

摄影机在制图过程中有着重要的作用，建模时可以根据摄影机的位置来创建能被看到的对象，这样就无须将场景中的内容全部创建出来，从而降低场景制作的复杂程度。

摄影机在效果图中代表观众的眼睛，在制图时应根据摄影机的位置来调整建筑物的位置和尺寸。

创建摄影机的步骤如下。

（1）启动 3ds Max 2014，依次单击" （创建） > （摄影机） > 标准 > 目标"按钮，在场景中创建目标摄影机。

（2）根据场景设置摄影机的"镜头"参数，如图 9-15 所示。

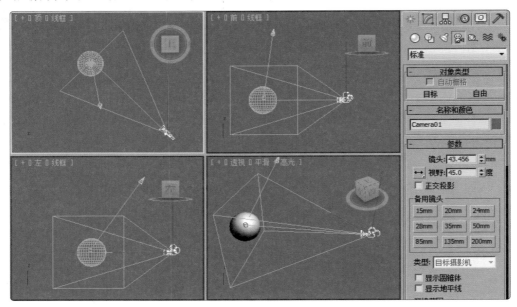

图 9-15

（3）单击"选择并移动"按钮 ，在场景中调整摄影机的位置和角度。

（4）在透视视图左上角的"透视"文本上单击鼠标右键，在弹出的快捷菜单中选择"摄影机＞Camera01"命令（或激活透视视图后按快捷键 C），如图 9-16 所示。

（5）转换为摄影机视图后的视口效果如图 9-17 所示。

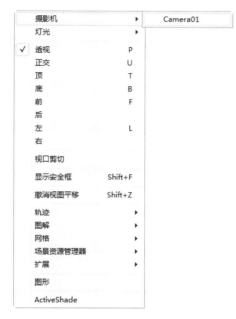

图 9-16

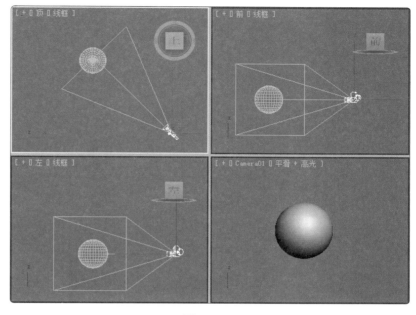

图 9-17

　　创建摄影机还有另一种更为便捷的方法，那就是调整在透视视图中观察模型的角度，然后按 Ctrl+C 组合键就当前视角创建摄影机，并将当前视图转换为摄影机视图。

❷ "VRay 阴影参数"卷展栏

VR 灯光是不能选择阴影类型的，它们产生的都是真实的区域阴影效果，VRay 阴影则是在使用 3ds Max 的灯光时选择的阴影类型。因为 VRay 渲染器不支持 3ds Max 的光线跟踪阴影，所以在使用 VRay 渲染器对场景进行渲染时，标准灯光一般都使用 VRay 阴影类型。

当将一个灯光的阴影类型指定为"VRay 阴影"时，"VRay 阴影参数"卷展栏才会显示，如图 9-18 所示。

● "透明阴影"复选框：用于设置透明模型的阴影，必须使用 VRay 材质并勾选材质中的"影响阴影"复选框才能产生效果。

● "偏移"数值框：用于设置阴影与模型的偏移距离，一般使用默认值。

● "区域阴影"复选框：用于设置模型阴影效果，有长方体和球体两种模式，勾选该复选框会降低渲染速度。

图 9-18

● **"U 大小" "V 大小" "W 大小" 数值框：**值越大阴影越模糊，并且还会产生杂点，降低渲染速度。

● **"细分" 数值框：**用于控制阴影杂点的平滑程度，值越大杂点越光滑，同时渲染速度会降低。

9.2.4 任务实施

（1）启动 3ds Max 2014，在菜单栏中选择"文件 > 打开"命令，打开云盘中的"场景 > Cha09 > 开酒器灯光 .max"文件，效果如图 9-19 所示。

（2）在场景中激活透视视图，调整视角，按 Ctrl+C 组合键，在视口中创建摄影机，效果如图 9-20 所示。

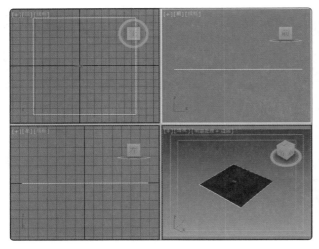

图 9-19

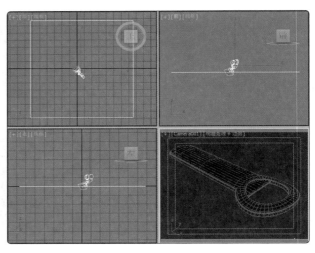

图 9-20

提示　在后续章节中将介绍渲染设置。

（3）依次单击"（创建）>（灯光）> 标准 > 目标聚光灯"按钮，在前视图中创建灯光，在场景中调整灯光的位置和角度。

（4）切换到"修改"命令面板，在"常规参数"卷展栏中勾选"阴影"组中的"启用"复选框，设置阴影类型为"VRay 阴影"。在"强度 / 颜色 / 衰减"卷展栏中设置"倍增"为1.2。在"聚光灯参数"卷展栏中设置"聚光区 / 光束"为 0.5，"衰减区 / 区域"为 100。在"VRay 阴影参数"卷展栏中勾选"区域阴影"复选框，设置"U 大小" "V 大小" "W 大小"均为 100，如图 9-21 所示。

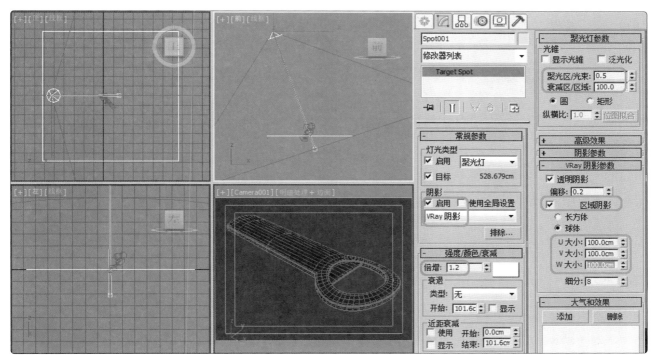

图 9-21

（5）创建主光源之后周围的环境会比较黑，在工具栏中单击"渲染设置"按钮，在弹出的窗口中单击"V-Ray"选项卡，展开"V-Ray：：环境"卷展栏。勾选"全局照明环境（天光）覆盖"组中的"开"复选框，设置"倍增器"为 0.6，设置天光颜色为白色。勾选"反射/折射环境覆盖"组中的"开"复选框，设置"倍增器"为 0.2，单击该组中的"无"按钮，在弹出的"材质/贴图浏览器"对话框中选择"VRayHDRI"选项，如图 9-22 所示。

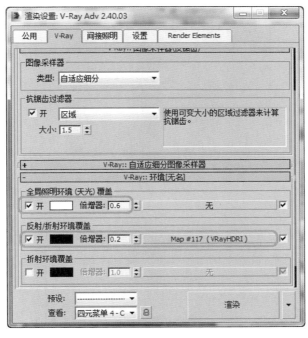

图 9-22

（6）将指定的 VRayHDRI 贴图拖曳到"材质编辑器"窗口中一个新的材质球上，在弹出的对话框中选择单"实例"选项，单击"确定"按钮，如图 9-23 所示。

图 9-23

（7）将贴图拖曳到材质球上之后，为其指定 hdr 贴图，如图 9-24 所示，可以通过"材质编辑器"窗口修改贴图的方式。

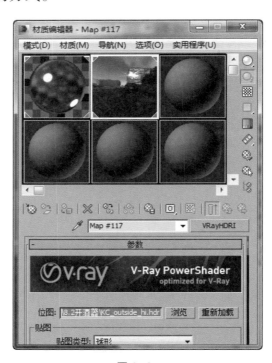

图 9-24

9.2.5 扩展实践：制作杠铃灯光效果

本实践是制作杠铃灯光效果。首先创建目标摄影机并设置摄影机的参数，然后创建目标聚光灯，设置其参数后设置灯光的阴影和参数。模型效果参看云盘中的"场景 > Cha09 > 杠铃灯光 ok.max"文件，如图 9-25 所示。

微课

制作杠铃
灯光效果

图 9-25

任务 9.3 制作筒灯效果

微课

制作筒灯效果

9.3.1 任务引入

本任务是制作筒灯效果，要求使用光度学 Web 灯光，营造出各种光效。

9.3.2 设计理念

设计时，通过运用各种光效，营造出五光十色的梦幻氛围。模型效果参看云盘中的"场景 > Cha09 > 筒灯 ok.max"文件，如图 9-26 所示。

图 9-26

9.3.3 任务知识：目标灯光和泛光灯

❶ 目标灯光

目标灯光有可以用于指向灯光的目标子对象。

◎ "常规参数"卷展栏

目标灯光的"常规参数"卷展栏如图 9-27 所示。

（1）"灯光属性"组中的选项如下。

● **"启用"复选框**：用于启用或禁用灯光。当勾选"启用"复选框时，使用灯光着色和渲染以照亮场景；当取消勾选"启用"复选框时，进行着色或渲染时不使用该灯光。默认设置为勾选。

● **"目标"复选框**：勾选该复选框后，该灯光将具有目标；取消勾选该复选框后，目标灯光将更改为自由灯光。

● **"目标距离"参数**：用于显示目标距离。对于目标灯光该字段仅显示距离，对于自由灯光则可以通过输入值更改距离。

图 9-27

（2）"阴影"组中的选项如下。

●**"启用"复选框**：用于决定当前灯光是否投影阴影，默认设置为勾选。

●**阴影方法下拉列表**：用于决定渲染器是否使用阴影贴图、高级光线跟踪、Mental Ray阴影贴图、区域阴影、光线跟踪阴影、VRay阴影、VRay阴影贴图生成该灯光的阴影。

●**"使用全局设置"复选框**：勾选该复选框以使用该灯光投影阴影的全局设置，取消勾选该复选框以启用阴影的单个控件。如果未选择使用全局设置，则必须指定渲染器使用哪种方法生成特定灯光的阴影。

●**"排除"按钮**：单击该按钮可以显示"排除/包含"对话框，在该对话框中可以选择将某些对象排除在灯光效果之外，被排除的对象仍在着色视口中被照亮，只有当渲染场景时排除才起作用。

（3）"灯光分布（类型）"组中的选项如下。

●**下拉列表框**：从下拉列表中可选择灯光分布的类型，其中包括"光度学Web""聚光灯""统一漫反射""统一球形"4个选项。

"光度学Web"选项：使用光域网定义分布灯光。如果选择该类型， （修改）命令面板上将显示对应的卷展栏。

"聚光灯"选项：当使用聚光灯分布创建或选择光度学灯光时， （修改）命令面板上将显示对应的卷展栏。

"统一漫反射"选项：仅在半球体中投射漫反射光线，就如同从某个表面发射光线一样。统一漫反射分布遵循 Lambert 余弦定理，从各个角度观看，光线都具有相同明显的强度。

"统一球形"选项：可在各个方向上均匀投射光线。

◎"强度/颜色/衰减"卷展栏

目标灯光的"强度/颜色/衰减"卷展栏如图9-28所示。下面重点介绍部分选项的功能。

（1）"颜色"组

●**灯光型号下拉列表**：在下拉列表中选择常见灯光的规格，模拟灯光对象的光谱特征。

●**"开尔文"单选按钮**：通过调整数值框中的值来设置灯光的颜色，色温以开尔文度数显示，相应的颜色显示在右侧的色块中。

●**"过滤颜色"色块**：使用颜色过滤器模拟光源上的过滤色的颜色。

（2）"强度"组

●**"lm（流明）"单选按钮**：测量整个灯光（光通量）的输出功率。100W的通用灯泡约有1750lm的光通量。

图9-28

●**"cd（坎德拉）"单选按钮**：测量灯光的最大发光强度，通常是沿着目标方向进行测量。100W 的通用灯泡约有 139cd 的光通量。cd 是发光强度的单位。

●**"lx（lux，勒克斯）"单选按钮**：测量由灯光引起的照度，该灯光以一定距离照射在曲面上。lx 是照度的单位。

◎"分布（光度学 Web）"卷展栏

"目标灯光"工具的"分布（光度学 Web）"卷展栏如图 9-29 所示。

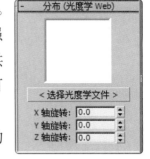

图 9-29

光度学 Web 分布使用光域网定义分布灯光。光域网是光源的灯光强度分布的 3D 表示。Web 定义存储在文件中，许多照明制造商可以提供为其产品建模的 Web 文件，这些文件通常可以从网上下载。Web 文件可以是 IES、LTLI 或 CIBSE 格式。

●**"< 选择光度学文件 >"按钮**：单击该按钮，可选择用作光域网的 IES 文件。默认的光度学文件是从一个边缘照射的漫反射分布效果。

●**"X 轴旋转"数值框**：用于设置沿着 x 轴旋转光域网的角度，旋转中心是光域网的中心，范围为 -180°～180°。

●**"Y 轴旋转"数值框**：用于设置沿着 y 轴旋转光域网的角度，旋转中心是光域网的中心，范围为 -180°～180°。

●**"Z 轴旋转"数值框**：用于设置沿着 z 轴旋转光域网的角度，旋转中心是光域网的中心，范围为 -180°～180°。

◎"图形 / 区域阴影"卷展栏

"目标灯光"工具的"图形 / 区域阴影"卷展栏如图 9-30 所示。

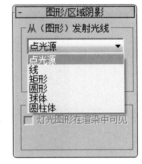

图 9-30

在"图形 / 区域阴影"卷展栏中可以选择用于生成阴影的灯光图形。

（1）"从（图形）发射光线"组中的选项如下。

在下拉列表中可选择阴影生成的图形。

●**"点光源"选项**：选择该选项，计算阴影时，如同点在发射光线一样。

●**"线"选项**：选择该选项，计算阴影时，如同线在发射光线一样，线性图形提供了长度控件。

●**"矩形"选项**：选择该选项，计算阴影时，如同矩形区域在发射光线一样，区域图形提供了长度和宽度控件。

●**"圆形"选项**：选择该选项，计算阴影时，如同圆形在发射光线一样，圆类形提供了半径控件。

●**"球体"选项**：选择该选项，计算阴影时，如同球体在发射光线一样，球体图形提供了半径控件。

●**"圆柱体"选项**：选择该选项，计算阴影时，如同圆柱体在发射光线一样，圆柱体图形提供了长度和半径控件。

（2）"渲染"组中的选项如下。

● **"灯光图形在渲染中可见"复选框：**勾选该复选框后，如果灯光对象位于视野内，灯光图形在渲染中会显示为自供照明（发光）的图形；取消勾选此复选框后，将无法渲染灯光图形，只能渲染它投影的灯光。默认设置为取消勾选。

2 泛光灯

泛光灯从单个光源向各个方向投射光线，常用于辅助照明，或模拟点光源。

泛光灯可以投射阴影和投影，单个投射阴影的泛光灯等同于 6 个从中心向外侧投射阴影的聚光灯。

 提示　　标准灯光都具有相同的参数，泛光灯与目标聚光灯的参数基本相同，读者可以参考目标聚光灯卷展栏的介绍。

9.3.4　任务实施

（1）启动 3ds Max 2014，在菜单栏中选择"文件 > 打开"命令，打开云盘中的"场景 > Cha09 > 筒灯 .max"文件，如图 9-31 所示。

图 9-31

（2）在场景中找到没有创建灯光的筒灯，并在其位置创建光度学目标灯光。在"常规参数"卷展栏的"阴影"组中勾选"启用"复选框，设置阴影类型为"VRay 阴影"，"灯光分布（类型）"为"光度学 Web"，显示"分布（光度学 Web）"卷展栏。在"分布（光度学 Web）"卷展栏中单击"< 选择光度学文件 >"按钮，在弹出的对话框中选择云盘中的"贴图 > 1589835-nice.ies"文件。在"强度 / 颜色 / 衰减"卷展栏中设置"过滤颜色"值分别为253、217、159，设置"强度"为 1500cd，如图 9-32 所示。

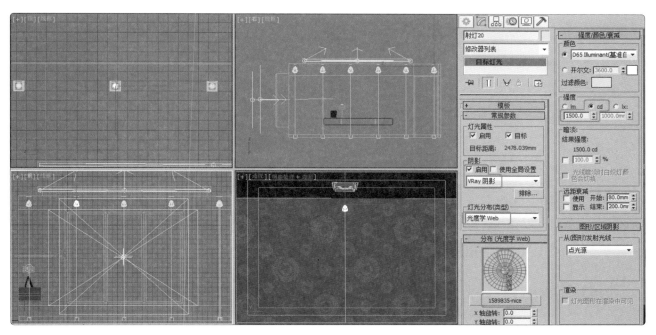

图 9-32

9.3.5 扩展实践：制作落地灯效果

本实践是制作落地灯效果。首先在场景中创建自由点光源，并设置合适的灯光参数，然后调整灯光至合适的位置，完成落地灯的制作。模型效果参看云盘中的"场景 > Cha09 > 落地灯 ok.max"文件，如图 9-33 所示。

微课

制作落地灯效果

图 9-33

任务 9.4   制作卧室灯光效果

9.4.1 任务引入

本任务是为卧室场景制作灯光效果，要求在创建灯光的过程中实现逼真的灯光效果，并使用暖光来打造温馨的家居环境。

9.4.2 设计理念

设计时，采用清晨的灯光效果，并注意不要让卧室出现阴暗和曝光过度的区域，在阴暗的地方创建灯光，在曝光过度的地方降低灯光亮度，营造舒适、温馨的居室氛围。模型效果参看云盘中的"场景 > Cha09 > 卧室灯光 ok.max"文件，如图 9-34 所示。

微课

制作卧室
灯光效果

图 9-34

9.4.3　任务知识：VR 灯光

VRay 自带了 4 种灯光：VR 灯光、VRayIES、VR 环境灯光、VR 太阳。VR 灯光在渲染时的作用非常大，这里着重介绍 VR 灯光"参数"卷展栏中重要的选项，其"参数"卷展栏如图 9-35 所示。

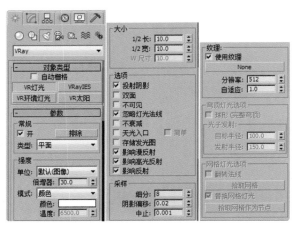

图 9-35

◎ "常规"组

● **"开"复选框：**用于控制灯光的开关。

● **"排除"按钮：**单击该按钮弹出对话框，从中可选择灯光包含和排除的对象。

● **"类型"下拉列表框：**其中有"平面""穹顶""球体""网格"4 个选项；平面灯一般用于做片灯；穹顶灯的作用类似于 3ds Max 默认的 IES SKY 灯光；球体灯通常用来照亮场景，移动灯自身的 z 轴可以控制阴影的方向，用于模拟天光；网格是指可以拾取一个网格模型作为灯，对场景进行照明。

◎ "强度"组

● **"单位"下拉列表框：**VRay 灯光提供了"默认（图像）""发光率（lm）""亮度（lm/m2/sr）""辐射率（W）""辐射（W/m2/sr）"几种照明单位；选择"默认（图像）"单

位，依靠灯光的颜色和亮度来控制光线强弱，如果不考虑曝光，灯光色彩将是模型表面受光的最终色彩；选择"发光率（lm）"单位，灯光的亮度与灯光的大小没有关系；选择"亮度（lm/m2/sr）"单位，灯光的亮度将和灯光的大小产生联系；选择"辐射率（W）"单位，用瓦来定义照明单位，灯光的亮度和尺寸没有关系；选择"辐射（W/m2/sr）"单位，同样由瓦来控制照明单位，灯光的亮度将和尺寸产生联系。

- **"颜色"色块**：用于设置 VR 灯光光源发射出的光线的颜色。
- **"倍增器"数值框**：用于设置 VR 灯光颜色的倍增量。

◎ "大小"组

"大小"组用于设置灯光的尺寸，选择灯光的类型不同，该组中用于设置灯光尺寸的选项也会跟着变。

◎ "选项"组

- **"双面"复选框**：当 VR 灯光为平面光源时，该选项控制光线是否从面光源的两个面发射出来（当选择球光源时，该选项无效）。
- **"不可见"复选框**：用于控制 VR 灯光光源是否在渲染结果中显示它的形状。
- **"忽略灯光法线"复选框**：勾选该复选框，VRay 照射会向灯光四周有个衰减；取消勾选后，VRay 灯光则会沿着直线方向照射。默认设置为勾选。
- **"不衰减"复选框**：勾选该复选框，VR 灯光将不进行衰减。
- **"天光入口"复选框**：勾选该复选框，把此灯（及关联灯光）交由 VRay 环境面板的天光选项控制，如强度、色彩等。
- **"存储发光图"复选框**：勾选该复选框，并且全局照明设定为光照贴图时，VRay 将再次计算 VR 灯光的效果并且将其存储到光照贴图中，其结果是光照贴图的计算会变得更慢，但是渲染时间会减少，还可以将光照贴图保存下来稍后再次使用。
- **"影响漫反射"复选框**：用于控制灯光是否影响模型的漫反射，一般勾选此复选框。
- **"影响高光反射"复选框**：用于控制灯光是否影响模型的镜面反射，一般勾选此复选框。
- **"影响反射"复选框**：用于控制灯光是否影响模型的反射，一般勾选此复选框。

◎ "采样"组

- **"细分"数值框**：用于设置 VRay 用于计算照明的采样点的数量，该值越大，阴影越细腻，渲染时间也越长。
- **"阴影偏移"数值框**：用于设置阴影的偏移值。

9.4.4　任务实施

（1）启动 3ds Max 2014，单击"应用程序"按钮，在弹出的菜单中选择"打开"

命令，打开云盘中的"场景 > Cha09 > 卧室灯光 .max"文件，渲染当前场景，得到图 9-36 所示的效果。

（2）打开"渲染设置"窗口，可以看到影响场景亮度的参数，如图 9-37 所示。

图 9-36

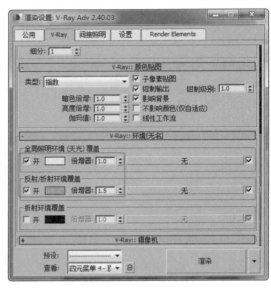

图 9-37

（3）依次单击"　（创建）>　（灯光）> VRay > VR 灯光"按钮，在前视图中创建 VR 灯光平面，在"参数"卷展栏的"强度"组中设置"倍增器"为 3，设置灯光"颜色"的"红""绿""蓝"值分别为 135、191、255，勾选"选项"组中的"不可见"复选框，调整灯光至合适的位置，如图 9-38 所示。

（4）渲染场景，效果如图 9-39 所示。

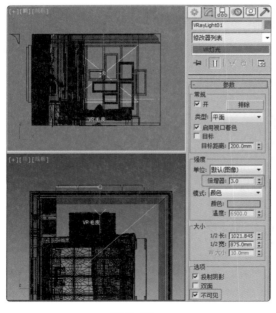

图 9-38

图 9-39

（5）在前视图中创建 VR 灯光平面，实例复制灯光到每个弧形窗户的位置。在"参数"卷展栏的"强度"组中设置"倍增器"为 2，设置"颜色"的"红""绿""蓝"值分别为 135、191、255，勾选"选项"组中的"不可见"复选框，如图 9-40 所示。

（6）渲染场景，得到图 9-41 所示的效果。

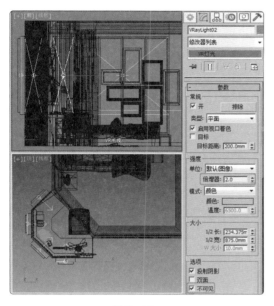

图 9-40

图 9-41

（7）在顶视图中创建 VR 灯光平面，在场景中调整灯光的位置。在"参数"卷展栏的"强度"组中设置"倍增器"为 3，设置灯光"颜色"的"红""绿""蓝"值分别为 255、214、178，勾选"选项"组中的"不可见"复选框，如图 9-42 所示。

（8）渲染场景，得到图 9-43 所示的效果。

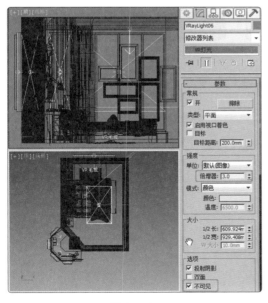

图 9-42

图 9-43

（9）在顶视图中创建标准灯光泛光灯，在"常规参数"卷展栏中勾选"阴影"组中的"启用"复选框，设置阴影类型为"VRay阴影"。在"强度/颜色/衰减"卷展栏中设置"倍增"为2.5，设置颜色的"红""绿""蓝"值分别为255、229、205，在"远距衰减"组中勾选"使用"和"显示"复选框，设置"开始"为1982、"结束"为12758，如图9-44所示。

（10）渲染场景，得到图9-45所示的效果。

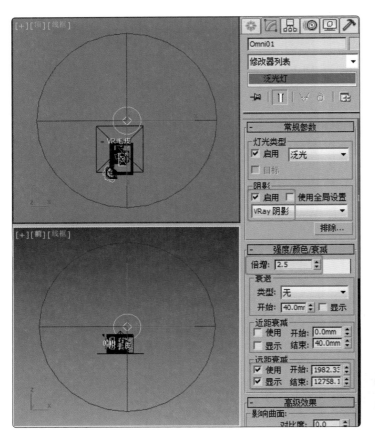

图 9-44

图 9-45

提示

　　　　　在没有进行最终渲染时，可以为灯光设置较低的"细分"值，以加快渲染速度；最后出图时可以设置较高的"细分"值，使场景灯光照射的阴影更加细腻。

9.4.5　扩展实践：制作卫浴空间灯光效果

本实践是制作卫浴空间灯光效果。在窗户位置创建作为日光的VR灯光，创建模拟太阳光的目标聚光灯或目标平行光。模型效果参看云盘中的"场景 > Cha09 > 卫浴空间灯光ok.max"文件，如图9-46所示。

制作卫浴空间灯光效果

图 9-46

任务 9.5　　项目演练：制作休息区灯光效果

9.5.1　任务引入

本任务是为一个休息区制作灯光效果，要求休息区给人以宽敞、通透的感觉。

9.5.2　设计理念

设计时，将日照效果和灯光效果结合，突出休息室落地窗带来的通透感，使休息室显得空间更大。模型效果参看云盘中的"场景 > Cha09 > 休息区灯光 ok.max"文件，如图 9-47 所示。

制作休息区灯光效果

图 9-47

项目10

制作特殊效果
——应用渲染与特效

10

　　渲染就是根据所创建的模型、指定的材质、使用的灯光，以及环境效果灯，将在场景中创建的对象实体化显示出来，也就是将三维的场景转换为二维的图像，即将创建的三维场景拍摄成照片或录制成动画显示出来。本项目介绍如何通过材质、灯光，以及"环境和效果"窗口，为模型制作特效，如体积光、体积雾、火、卡通等效果，本项目的最后还将介绍如何使用Colth插件制作布料效果。通过本项目的学习，读者可以掌握渲染与特效的使用方法与技巧。

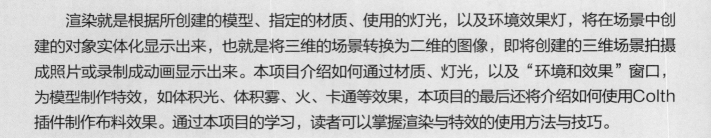

学习引导

知识目标
- 了解 VRay 渲染器
- 了解大气装置
- 认识"环境和效果"面板

能力目标
- 掌握 VRay 渲染器的参数设置方法
- 掌握大气装置创建类型
- 掌握"环境和效果"面板的设置技巧

素养目标
- 培养对各种特效的熟悉度
- 培养对特效的应用能力

实训项目
- 渲染会议室场景
- 制作蜡烛燃烧效果

任务 10.1　渲染会议室场景

10.1.1　任务引入

本任务是渲染会议室场景，要求将完成的三维场景压缩成图像呈现出来。

10.1.2　设计理念

设计时，突出体现会议室的宽敞，通过光阴效果的配合，使会议室更加真实。模型效果参看云盘中的"场景 > Cha10 > 会议室 ok.max"文件，如图 10-1 所示。

图 10-1

10.1.3　任务知识：VRay 渲染器参数

◎ "V-Ray：帧缓冲区"卷展栏（位于"V-Ray"选项卡中）

"V-Ray：：帧缓冲区"卷展栏如图 10-2 所示。下面介绍其中的常用选项。

● "启用内置帧缓冲区"复选框：用于控制 VRay 内置帧缓冲器是否启用，勾选该复选框后，弹出图 10-3 所示的窗口，其作用与 3ds Max 的渲染帧窗口类似，但功能更强。

● "显示最后的虚拟帧缓冲区"按钮：单击该按钮，可显示上一次渲染的帧。

图 10-2

图 10-3

提示　　单击"显示最后的虚拟帧缓冲区"按钮的作用与在菜单栏中选择"渲染 > 显示上次渲染结果"命令的作用相同。

（1）"输出分辨率"组中的选项如下。

● **"从MAX获取分辨率"复选框**：用于设置是否使用3ds Max的分辨率设置。

● **"宽度"数值框**：用于设置渲染窗口的宽度。

● **"高度"数值框**：用于设置渲染窗口的高度。

 提示   要设置渲染窗口的宽度和高度，可以直接单击"输出分辨率"组中的分辨率预设按钮进行。"输出分辨率"组中的参数与"公用"选项卡中"公用参数"卷展栏中的"输出大小"参数基本相同。在勾选"从MAX获取分辨率"复选框时，可以使用"公用"选项卡中的输出大小。

（2）"V-Ray Raw图像文件"组中的选项如下。

● **"渲染为V–Ray Raw图像文件"复选框**：用于决定是否将渲染的图像保存。

● **"浏览"按钮**：单击该按钮，在弹出的对话框中可以选择存储路径和类型。

（3）"分割渲染通道"组中的选项如下。

● **"保存单独的渲染通道"复选框**：用于设置是否进行分通道渲染，可控制每个通道单独输出。

提示   "分割渲染通道"组中的"浏览"按钮与"公用"选项卡"公用"卷展栏中的"渲染输出"组中的"文件"按钮的功能相同。

◎ "V-Ray∷全局开关[无名]"卷展栏（位于"V-Ray"选项卡中）

"V-Ray∷全局开关[无名]"卷展栏如图10-4所示。下面介绍其中的常用选项。

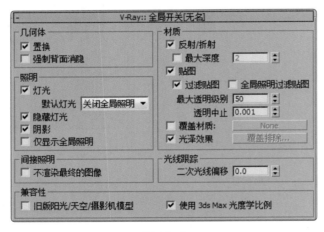

图10-4

（1）"几何体"组中的选项如下。

● **"置换"复选框**：用于设置是否使用VRay的置换贴图。

（2）"照明"组中的选项如下。

- **"灯光"复选框**：用于设置是否使用全局灯光。
- **"默认灯光"下拉列表框**：可以下拉列表中选择是否使用 3ds Max 2014 的默认灯光。

 提示　　3ds Max 2014 默认场景中有两个灯光，如果在场景中没有创建任何灯光则默认灯光有效，如果在场景中创建了灯光则默认灯光自动删除。

- **"隐藏灯光"复选框**：如果勾选该复选框，系统会渲染隐藏的灯光。
- **"阴影"复选框**：用于设置是否渲染阴影。
- **"仅显示全局照明"复选框**：勾选该复选框，直接光照将不计算在最终的图像里，只显示间接光照的效果，但系统在进行全局光照计算时包含直接光照的计算。

（3）"材质"组中的选项如下。

- **"反射/折射"复选框**：用于设置是否计算 VRay 贴图或材质中光线的反射/折射效果。
- **"最大深度"复选框**：用于设置 VRay 贴图或材质中反射/折射的最大反弹次数。反弹次数越多计算越慢。
- **"贴图"复选框**：用于设置是否渲染纹理贴图。
- **"过滤贴图"复选框**：用于设置是否渲染纹理过滤贴图。
- **"最大透明级别"数值框**：用于设置透明对象被光线追踪的最大反弹次数。
- **"透明中止"数值框**：用于设置对透明对象的追踪何时终止。
- **"覆盖材质"复选框**：勾选该复选框后，场景中的所有对象将使用该材质。单击该选项后的"None"按钮，可以设置场景中的覆盖材质。

（4）"间接照明"组中的选项如下。

- **"不渲染最终的图像"复选框**：勾选该复选框，VRay 只计算相应的全局光照贴图（光照贴图、灯光贴图和发光贴图），这对于渲染动画过程很有用。

◎　"V-Ray∷图像采样"卷展栏（位于"V-Ray"选项卡中）

"V-Ray∷图像采样器（反锯齿）"卷展栏如图 10-5 所示，下面介绍其中的常用选项。

（1）"图像采样器"组中的选项如下。

在"类型"下拉列表框中可以选择"固定""自适应确定性蒙特卡洛""自适应细分"3种图像采样器。

- **"固定"选项**：对应最简单的采样方法，对每个像素采用固定的几个采样。选择该选项将出现用于设置固定参数的"V-Ray∷固定图像采样器"卷展栏，如图 10-6 所示。从中可以设置"细分"参数以调节每个像素的采样数。

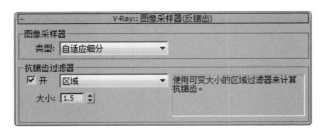

图 10-5　　　　　　　　　　　　　　　　　　　　图 10-6

● **"自适应确定性蒙特卡洛"选项**：对应一种简单的较高级采样，图像中的像素首先采样较少的采样数目，然后对某些像素进行高级采样以提高图像质量。选择该选项后，出现"V-Ray：：自适应确定性蒙特卡洛图像采样器"卷展栏。其中，"最小细分"数值框用于设置细分的最小值限制，"最大细分"数值框用于设置细分的最大值限制，如图 10-7 所示。

● **"自适应细分"选项**：这是一种高级采样器，相比其他采样器，它能够以较少的采样（花费较少的时间）来获得相同的图像质量。选择该选项后将出现"V-Ray：：自适应细分图像采样器"卷展栏，如图 10-8 所示。

图 10-7　　　　　　　　　　　　　　　　　　　　图 10-8

（2）"抗锯齿过滤器"组中的选项如下。

● **"开"复选框**：勾选该复选框，使用抗锯齿过滤器，在其右侧的下拉列表框中有"区域"和"Catmull-Rom"选项。选择"区域"选项，使用可变大小的区域过滤器来计算抗锯齿，这是 3ds Max 的原始过滤器，一般默认选择该选项；选择"Catmull-Rom"选项，使用具有轻微边缘增强效果的 25 像素重组过滤器，会使图像更清晰、更干净，几乎看不出模糊的效果。建议用"Catmull-Rom"选项或"区域"选项。

◎ "V-Ray：：间接照明（GI）"卷展栏（位于"间接照明"选项卡中）

"V-Ray：：间接照明（GI）"卷展栏如图 10-9 所示。下面介绍其中的常用选项。

● **"开"复选框**：勾选该复选框，可以打开间接照明。

（1）"全局照明焦散"组中的选项如下。

● **"反射"复选框**：勾选该复选框，允许间接的光照从反射对象被反射。

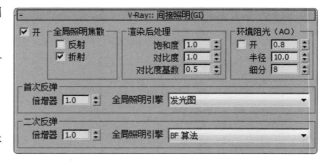

图 10-9

● **"折射"复选框**：勾选该复选框，允许间接照明通过透明的对象。默认设置为勾选。

（2）"渲染后处理"组中的选项如下。

- **"饱和度"数值框**：用于设置颜色混合程度。
- **"对比度"数值框**：用于设置明暗对比度。
- **"对比度基数"数值框**：用于决定对比度的基础推进。数值越大全局光越暗，数值越小全局光越亮。

（3）"首次反弹"组中的选项如下。

- **"倍增器"数值框**：用于设置首次漫反射对最终的图像照明的影响程度。
- **"全局照明引擎"下拉列表框**：其中有4种选项可供选择，即"发光图""光子图""BF算法""灯光缓存"。

（4）"二次反弹"组中的选项如下。

- **"全局光引擎"下拉列表框**：其中有4种选项可供选择，即"无""光子图""BF算法""灯光缓存"。

◎ "V-Ray∷发光图"卷展栏（位于"间接照明"选项卡中）

"V-Ray∷发光图"卷展栏如图10-10所示。下面介绍其中的常用选项。

（1）"内建预置"组中的选项如下。

- **"当前预置"下拉列表框**：从下拉列表中可以选择当前预置，包括"自定义""非常低""低""中""中-动画""高""高-动画""非常高"等选项。

图10-10

（2）"基本参数"组中的选项如下。

- **"最小比率"数值框**：用于设置每个像素中的最少全局照明采样数目。通常应保持该值为负数，这样全局照明计算能够快速计算图像中大的和平坦的面。

提示　　如果该值大于或等于0，那么光照贴图计算将会比直接照明计算慢，并消耗更多的系统内存，该值最好不要超过-3。

● **"最大比率"数值框：** 用于设置每个像素中的最大全局照明采样数目。该值最好不要超过1，以免计算机崩溃。

● **"半球细分"数值框：** 用于设置单独的GI样本的品质。设置较小的值可以获得较快的速度，但是也可能会产生黑斑；设置较大的值可以得到平滑的图像，类似于直接计算的细分参数。

● **"插值采样"数值框：** 用于设置被用于插值计算的GI样本的数量。设置较大的值会趋向于模糊GI的细节，虽然最终的效果很光滑；设置较小的值会产生更光滑的细节，但也可能会产生黑斑。

　　　　"半球细分"并不代表被追踪光线的实际数量，被追踪光线的实际数量接近于这个参数值的平方，并受QMC采样器相关参数的控制。

● **"颜色阈值"数值框：** 用于设置相邻的全局照明采样点颜色差异最大值。超过该值，VRay将进行更多的采样以获取更多的采样点，该值最好设为0.5以内。

● **"法线阈值"数值框：** 用于设置相邻采样点的法线向量夹角的最大余弦值。超过该值，VRay将会获取更多的采样点，该值最好设为0.5以内。

● **"间距阈值"数值框：** 用于设置相邻采样点的最大间距值。超过该值，VRay将会获取更多的采样点。渲染动画时该值最好设为0.5左右，平时最好设为0.1左右。

（3）"选项"组中的选项如下。

●**"显示计算相位"复选框：** 勾选该复选框，可以看到计算过程，但会增加一点渲染时间。图10-11所示是显示计算过程的状态。

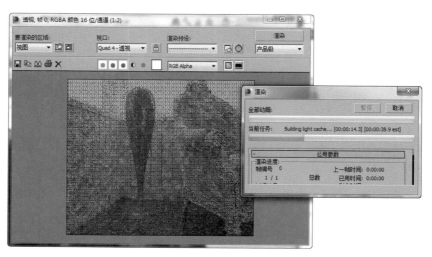

图10-11

（4）"模式"组中的选项如下。

●**"模式"下拉列表框：** 默认的模式为"单帧"。在这种情况下，VRay单独计算每一个单独帧的光照贴图，所有预先计算的光照贴图都被删除。该模式会完全重新计算发光贴图进行渲染，发光贴图计算即光能传递的重新计算。选择"从文件"模式，则每个单独帧的光照贴图都是同一张图，渲染开始时，光照贴图从某个选定的文件中载入，任何此前的光照贴图都被删除。

- **"保存"按钮：**单击该按钮保存当前渲染的发光贴图。
- **"重置"按钮：**单击该按钮删除当前的发光贴图。
- **"文件"文本框：**用于显示文件的链接路径。
- **"浏览"按钮：**单击该按钮，可浏览发光贴图或重新载入发光贴图。

（5）"在渲染结束后"组中的选项如下。

- **"不删除"复选框：**勾选该复选框，VRay 会在完成场景渲染后，将光照贴图保存在内存中。
- **"自动保存"复选框：**勾选该复选框，可以设定该光照贴图保存路径。
- **"浏览"按钮：**单击此按钮，可指定发光贴图的文件位置和名称。
- **"切换到保存的贴图"复选框：**勾选该复选框后，可以将渲染保存后的发光贴图指定为"文件"中读取的发光贴图。

◎ "V-Ray∷灯光缓存"卷展栏（位于"间接照明"选项卡）

灯光缓存是接近场景全局照明的技术，"V-Ray∷灯光缓存"卷展栏如图 10-12 所示。下面介绍其中的常用选项。

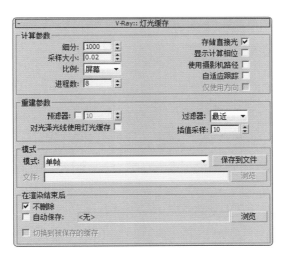

图 10-12

（6）"计算参数"组中的选项如下。

- **"细分"数值框：**用于设置路径从照相机被追踪多少。该值越高效果越细腻，速度越慢。
- **"采样大小"数值框：**用于设置距顶灯光贴图中样本的间隔。较小的值意味着样本之间相互距离较近，灯光贴图将保护灯光锐利的细节，不过会产生噪点，并且会占用较多的内存。
- **"进程数"数值框：**用于设置渲染灯光缓存的进程数量。灯光缓存在一些途径中被计算，然后被结合成最后的灯光缓存。

提示   "V-Ray：：灯光缓存"卷展栏中的"模式"组和"在渲染结束后"组与"V-Ray：：发光图"卷展栏中的类似，读者可以参考"V-Ray：：发光图"部分的介绍，这里就不重复讲解了。

◎ "V-Ray：：环境"卷展栏（位于"V-Ray"选项卡中）

VRay的环境参数用于指定全局照明，可以起到重要的辅助照明效果。"VRay：：环境"卷展栏如图10-13所示。其中部分选项说明如下。

"全局照明环境（天光）覆盖"组中的选项如下。

● **"开"复选框：**勾选该复选框，打开全局光覆盖，可以设置全局光颜色。

● **"倍增器"数值框：**用于设置背景的亮度。

● **"None"按钮：**单击该按钮，可以指定天光覆盖的贴图。

◎ "V-Ray：：系统"卷展栏（位于"设置"选项卡中）

"V-Ray：：系统"卷展栏如图10-14所示。

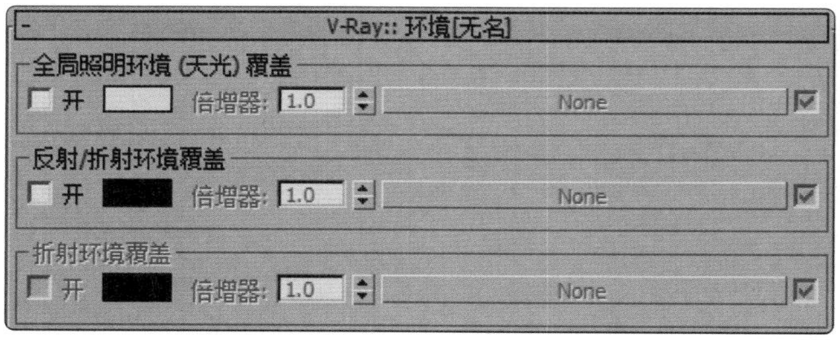

图 10-13

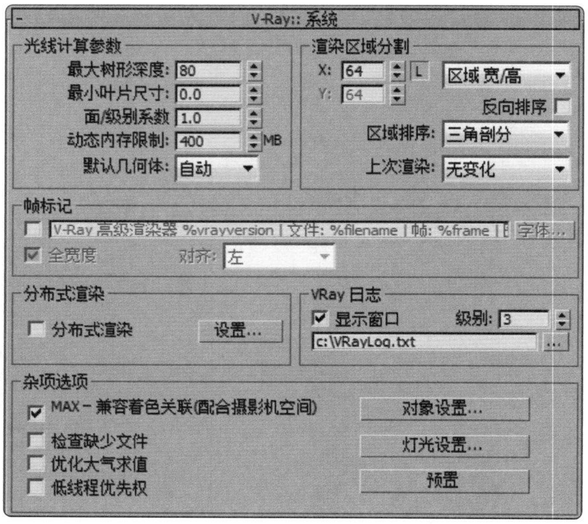

图 10-14

在"渲染区域分割"组中可以设置VRay的渲染块。

● **"X""Y"数值框：**用于设置以像素为单位的最大渲染块的宽度或水平方向上的区块数量。

10.1.4 任务实施

❶ 渲染草图

（1）启动3ds Max 2014，在菜单栏中选择"文件 > 打开"命令，打开云盘中的"场景 > Cha10 > 会议室 .max"文件，如图10-15所示。

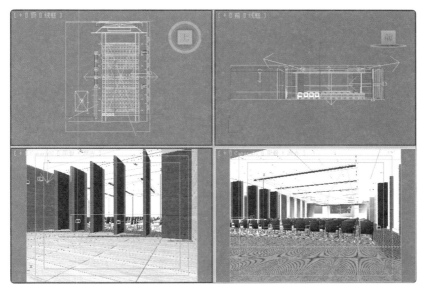

图 10-15

（2）在工具栏中单击"渲染设置"按钮 🖫 ，在弹出的"渲染设置"窗口中设置渲染器为"V-Ray"，如图 10-16 所示。

（3）单击"V-Ray"选项卡，在"V-Ray：：全局开关 [无名]"卷展栏中设置"默认灯光"为"关"，如图 10-17 所示。

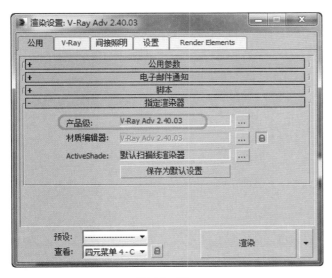

图 10-16

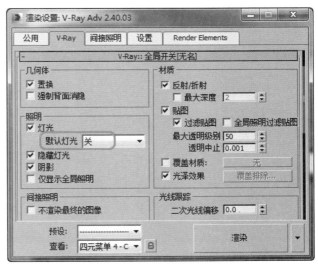

图 10-17

（4）"V-Ray：：图像采样器（反锯齿）"卷展栏中，设置"图像采样器"的"类型"为"固定"，在"抗锯齿过滤器"组中勾选"开"复选框，并在下拉列表框中选择"区域"选项，如图 10-18 所示。

（5）切换到"间接照明"选项卡，在"V-Ray：：间接照明（GI）"卷展栏中勾选"开"复选框，在"首次反弹"组中设置"全局照明引擎"为"发光图"，在"二次反弹"组中设置"全局照明引擎"为"灯光缓存"，如图 10-19 所示。

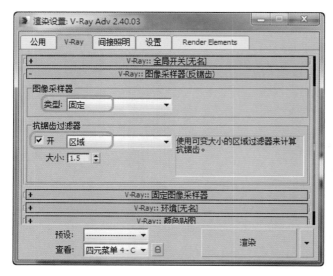

图 10-18

图 10-19

（6）在"V-Ray：：发光图 [无名]"卷展栏中设置"内建预置"组中的"当前预置"为"非常低"，如图 10-20 所示。

（7）在"V-Ray：：灯光缓存"卷展栏中设置"计算参数"组中的"细分"为 100，勾选"存储直接光"和"显示计算相位"复选框，如图 10-21 所示。

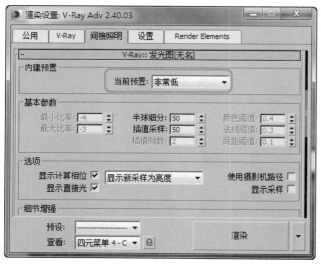

图 10-20

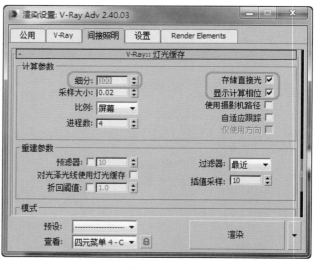

图 10-21

（8）切换到"设置"选项卡，在"V-Ray：：系统"卷展栏中设置"渲染区域分割"组中的"X"为 20，如图 10-22 所示。

（9）在"V-Ray"选项卡"V-Ray：：帧缓冲区"卷展栏中勾选"启用内置帧缓冲区"复选框，如图 10-23 所示。

（10）单击"公用"选项卡，在"公用参数"卷展栏中设置"输出大小"组中的"宽度"为 500，"高度"为 400，如图 10-24 所示。

（11）渲染的效果如图 10-25 所示，在视口底端的控制栏中查看渲染的时间。

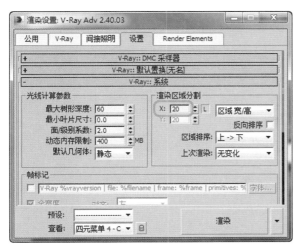

图 10-22

图 10-23

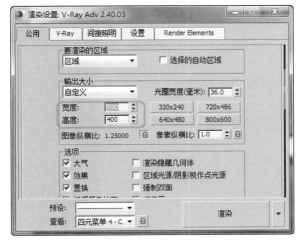

图 10-24

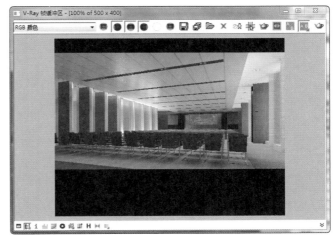

图 10-25

（12）可以查看场景中灯光的细分参数，如图 10-26 所示。

（13）将场景中的灯光细分参数设置为 8，加速渲染，如图 10-27 所示。

（14）减小灯光参数值，对比渲染的时间。

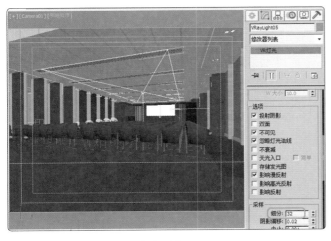

图 10-26

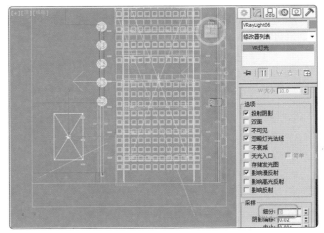

图 10-27

2 设置光照贴图

对场景中的灯光、摄影机及模型都满意后，可以恢复灯光的细分参数值，对场景进行最终渲染。

（1）在工具栏中单击"渲染设置"按钮，在弹出的"渲染设置"窗口中单击"V-Ray"选项卡，在"V-Ray：：全局开关[无名]"卷展栏中勾选"间接照明"组中的"不渲染最终的图像"复选框，如图 10-28 所示。

（2）在"V-Ray：：图像采样器（反锯齿）"卷展栏中设置"图像采样器"组中的"类型"为"自适应确定性蒙特卡洛"，设置"抗锯齿过滤器"组中的类型为"Catmull-Rom"，如图 10-29 所示。

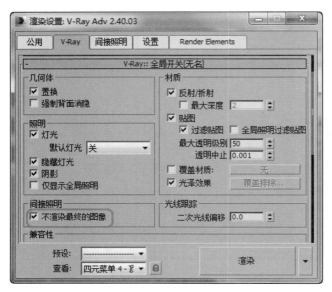

图 10-28

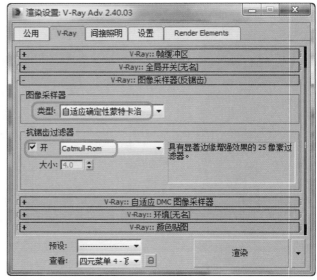

图 10-29

（3）单击"间接照明"选项卡，在"V-Ray：：发光图[无名]"卷展栏设置"内建预置"组中的"当前预置"为"低"，在"在渲染结束后"组中勾选"自动保存"和"切换到保存的贴图"复选框。单击"浏览"按钮，在弹出的对话框中选择存储路径，将发光贴图与场景文件存储到一个文件夹中，如图 10-30 所示。

（4）在"V-Ray：：灯光缓存"卷展栏中设置"计算参数"组中的"细分"为500，"在渲染结束后"组中勾选"自动保存"和"切换到被保存的缓存"复选框。单击"浏览"按钮，在弹出的对话框中选择存储路径，为文件命名，将该灯光缓存贴图存储到场景所在的文件夹中，如图 10-31 所示。

（5）计算完光照贴图后，弹出"加载发光图"对话框，如图 10-32 所示从中可选择发光贴图。

（6）在"渲染设置"窗口中单击"V-Ray"选项卡，在"V-Ray：：全局开关[无名]"卷展栏中取消勾选"间接照明"组中的"不渲染最终的图像"复选框，如图 10-33 所示。这样渲染场景时就不会渲染灯光缓存和发光贴图，直接渲染效果图。

图 10-30 图 10-31

图 10-32

❸ 设置最终渲染

（1）设置一个最终渲染的尺寸，如图 10-34 所示。

（2）单击"间接照明"选项卡，设置"V-Ray∷发光图 [无名]"卷展栏"内建预置"组中的"当前预置"为"高"，如图 10-35 所示。

（3）在"V-Ray∷灯光缓存"卷展栏中设置"计算参数"组中的"细分"为 1000，如图 10-36 所示。

（4）对当前场景进行渲染，需要注意的是，最终渲染时的细分参数值过高的话，可以在渲染光子贴图的时候也相应地提高渲染质量并增大渲染尺寸，否则渲染出的效果还会出现模糊。

图 10-33

图 10-34

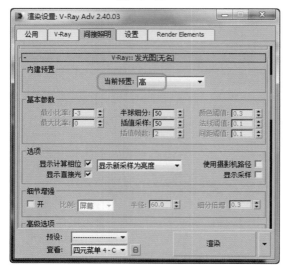

图 10-35

图 10-36

10.1.5　扩展实践：制作日景渲染效果

本实践是制作日景渲染效果。首先设置较低的参数值渲染草图，然后设置发光贴图和灯光缓存贴图，并设置最终渲染。模型效果参看云盘中的"场景 > Cha10 > 日景渲染 ok.max"文件，如图 10-37 所示。

图 10-37

微课

制作日景
渲染效果

任务 10.2　制作蜡烛燃烧效果

10.2.1　任务引入

本任务是制作蜡烛的燃烧效果，要求烛火的效果逼真，能营造出温馨的氛围。

10.2.2　设计理念

设计时，先创建大气装置，再为大气装置指定大气效果中的烛火效果，通过明暗层次的体现，使场景更加浪漫、唯美。模型效果参看云盘中的"场景 > Cha10 > 蜡烛燃烧 ok.max"文件，如图 10-38 所示。

图 10-38

10.2.3　任务知识：大气装置与"环境和效果"窗口

① 大气装置

在 3ds Max 中可以创建 3 种类型的大气装置，即长方体、圆柱体或球体，这些 Gizmo 限制场景中的雾或火焰的扩散。

依次单击"（创建）> （辅助对象）> 大气装置"按钮，在"对象类型"卷展栏中选择相应的大气装置 Gizmo 即可进行创建。下面以"球体 Gizmo"为例介绍大气装置的创建方法。

（1）依次单击"（创建）> （辅助对象）> 大气装置 > 球体 Gizmo"按钮，如图 10-39 所示。按住鼠标左键并拖曳，在场景中定义球体 Gizmo 的初始半径。

（2）在"球体 Gizmo 参数"卷展栏中调整"半径"值，如图 10-40 所示。

图 10-39

图 10-40

（3）在场景中创建 Gizmo 后，切换到"修改"命令面板。

（4）在"修改"命令面板中可以看到"大气和效果"卷展栏，如图 10-41 所示。

（5）单击"添加"按钮，在弹出的"添加大气"对话框中选择需要添加的大气效果，单击

"确定"按钮，如图 10-42 所示。

（6）添加大气后，"大气和效果"卷展栏如图 10-43 所示。

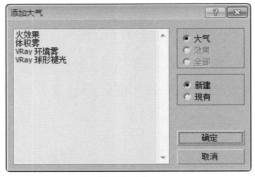

图 10-41　　　　　　　　　　　　图 10-42　　　　　　　　　　　　图 10-43

（7）选择需要设置的大气，单击"设置"按钮，打开"环境和效果"窗口，从中设置大气的效果，如图 10-44 所示。

2 "环境和效果"窗口

在菜单栏中选择"渲染 > 环境"（快捷键 8）命令，打开"环境和效果"窗口，如图 10-45 所示。

在"环境"选项卡下可以设置背景颜色、背景颜色动画和屏幕背景图像，还可以为场景中的大气装置应用大气插件，如火效果、雾、体积光。

◎ "公用参数"卷展栏

（1）"背景"组中的选项如下。

● **"颜色"色块**：用于设置场景背景的颜色。

● **"环境贴图"按钮**：按钮上会显示贴图的名称，如果尚未指定名称，则显示"无"。

● **"使用贴图"复选框**：勾选该复选框，可以使用贴图作为背景而不是背景颜色。

图 10-44

图 10-45

（2）"全局照明"组中的选项如下。

● **"染色"色块**：如果此颜色不是白色，则为场景中的所有灯光（环境光除外）染色。

● **"级别"数值框**：用于设置增强场景中的所有灯光。

● **"环境光"色块**：用于设置环境光的颜色。

◎ "大气"卷展栏（见图 10-46）

● **"效果"列表框**：用于显示已添加的效果队列。

● **"名称"文本框**：用于显示或自定义列表中的效果的名称。

● **"添加"按钮**：单击该按钮，可以显示"添加大气效果"对话框，其中包含所有当前安装的大气效果，如图 10-47 所示。

图 10-46

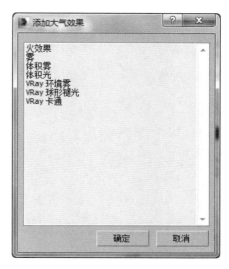

图 10-47

● **"删除"按钮**：单击该按钮，可以将选中的大气效果从列表中删除。

● **"上移""下移"按钮**：单击该按钮，可以将所选项在列表中上移或下移，以更改大气效果的应用顺序。

● **"合并"按钮**：单击该按钮，可以合并其他 3ds Max 场景文件中的效果。

10.2.4 任务实施

（1）启动 3ds Max 2014，在菜单栏中选择"文件 > 打开"命令，打开云盘中的"场景 > Cha10 > 蜡烛燃烧 .max"文件，渲染打开的场景，效果如图 10-48 所示。

（2）依次单击"　（创建）> 　（辅助对象）> 大气装置 > 球体 Gizmo"按钮，在顶视图中创建球体 Gizmo，在"球体 Gizmo 参数"卷展栏中设置"半径"为 1.8cm，如图 10-49 所示。

（3）单击"选择并均匀缩放"按钮，在场景中调整 Gizmo，效果如图 10-50 所示。

（4）在场景中复制球体 Gizmo 到蜡烛的灯芯位置，效果如图 10-51 所示。

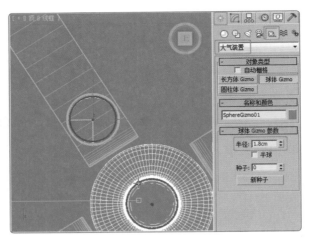

图 10-48　　　　　　　　　　　　图 10-49

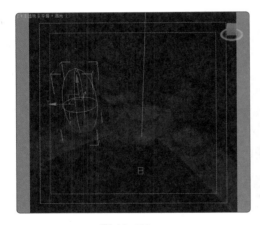

图 10-50　　　　　　　　　　　　图 10-51

（5）按快捷键 8 打开"环境和效果"窗口，在"大气"卷展栏中单击"添加"按钮，在弹出的"添加大气效果"对话框中选择"火效果"选项，单击"确定"按钮，如图 10-52所示。

图 10-52

（6）添加火效果后，窗口中出现"火效果参数"卷展栏，单击"Gizmo"组中的"拾取Gizmo"按钮，按H键，在弹出的对话框中选择作为火焰的球体Gizmo，单击"拾取"按钮，如图10-53所示。

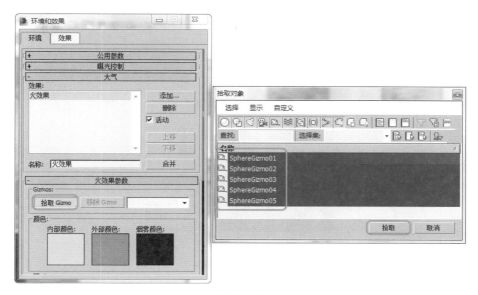

图 10-53

（7）在"颜色"组中设置"内部颜色"的"红""绿""蓝"值分别为253、215、61，"外部颜色"的"红""绿""蓝"值分别为221、60、0，"烟雾颜色"的"红""绿""蓝"值分别为26、26、26，如图10-54所示。

（8）在"图形"组中设置"拉伸"为0.5，"规则性"为0.8。在"特性"组中设置"火焰大小"为40，"密度"为500，"火焰细节"为5，"采样数"为15，如图10-55所示。

（9）渲染场景，得到火焰的效果，场景不同，"火效果参数"卷展栏中的设置也不相同，可根据场景情况进行设置。

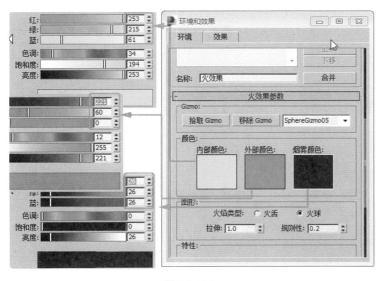

图 10-54

图 10-55

10.2.5 扩展实践：制作 VRay 卡通效果

本实践是制作 VRay 卡通效果。在 3ds Max 2014 中，可为场景指定 VRay 卡通效果。模型效果参看云盘中的"场景 > Cha10 > Vray 卡通 ok.max"文件，如图 10-56 所示。

图 10-56

微课

制作 VRay
卡通效果

任务 10.3　项目演练：制作客厅日光效果

10.3.1 任务引入

本任务是制作客厅日光效果，要求突出客厅的高雅、大气，日光充足。

10.3.2 设计理念

设计时，将客厅设置为比较宽敞、明亮的室内空间，用透过落地窗的日光效果营造客厅高雅、舒适的环境，突出客厅良好的采光性。模型效果参看云盘中的"场景 > Cha10 > 客厅日光 ok.max"文件，如图 10-57 所示。

图 10-57

微课

制作客厅
日光效果

项目11

掌握商业设计应用
——综合设计实训

本项目为综合设计实训案例，是根据室内设计项目的真实情境设计，用于帮助读者实践所学知识，完成室内设计项目。通过本项目的学习，读者可以牢固掌握3ds Max 2014的使用技巧，并能应用所学技能制作出专业的室内设计作品。

学习引导

知识目标
- 掌握软件的基础知识
- 了解 3ds Max 的设计领域

能力目标
- 掌握 3ds Max 在不同设计领域的应用方法和技巧

素养目标
- 培养对商业设计流程的掌控能力
- 培养对商业设计的创意思维

实训项目
- 制作装饰品效果图——鱼缸
- 制作家具效果图——原木凳
- 制作建材效果图——平铺地砖
- 制作室内效果图——书房

任务 11.1　制作装饰品效果图——鱼缸

11.1.1 任务引入

本任务制作鱼缸效果图，要求鱼缸古色古香，采用白色陶瓷材质。

11.1.2 设计理念

设计时，为陶瓷鱼缸设置传统风格的白底花朵装饰；整体风格干净、古朴，并输出彩色原稿，便于后期以不同的比例尺寸清晰展示效果图。模型效果参看云盘中的"场景 > Cha11 > 鱼缸 ok.max"文件，如图 11-1 所示。

图 11-1

微课

制作鱼缸
效果图

11.1.3 任务实施

1 创建模型

（1）启动 3ds Max 2014，在场景中创建圆柱体，为其添加"编辑多边形"修改器，将顶部的多边形删除。

（2）为对象添加"壳"修改器，设置模型的厚度。

（3）使用"编辑多边形"修改器制作出鱼缸口的切角，设置出平滑的效果。

（4）为对象添加"锥化"和"FFD4×4×4"修改器，调整出球形化效果。

（5）在制作过程中，可以不断地使用"编辑多边形"和"涡轮平滑"修改器来调整模型的外形和平滑效果，如图 11-2 所示。

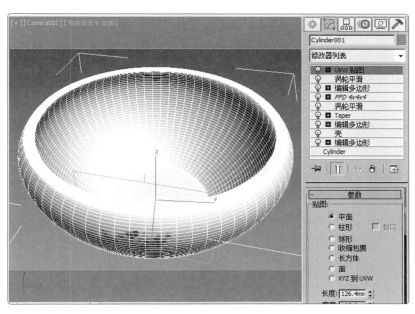

图 11-2

2 设置材质和场景

（1）为场景中的模型设置陶瓷材质，主要使用反射效果。

（2）创建水模型并调整设置，创建水的材质主要需要设置较强的反射，以及用白色的折射来模拟水效果。

（3）将模型合并到一个室内的场景中，并导入鱼素材和花素材作为装饰，效果如图 11-3 所示。

图 11-3

3 测试渲染

测试渲染场景操作可以参考前面项目中的介绍。

4 调整灯光和视角

（1）为场景创建主光源和辅助光源，照亮场景。

（2）调整透视视图中的视角，按 Ctrl+C 组合键，创建摄影机，效果如图 11-4 所示。

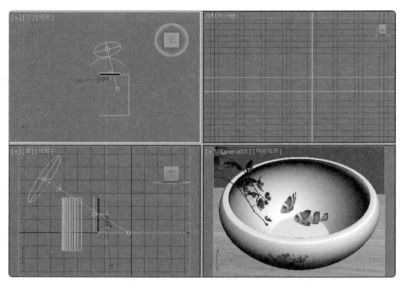

图 11-4

5 **最终渲染**

最终渲染设置可以参考前面项目中的介绍。

任务 11.2　制作家具效果图——原木凳

11.2.1 任务引入

本任务制作原木凳效果图，要求维持原木形状，使木凳古朴、独特。

11.2.2 设计理念

设计时，凳面尽量保留原木特征，风格简约、古色古香；混搭黑色金属支架，融入现代感，使设计更独特；最后输出彩色原稿，以便能以不同的比例清晰显示效果图。模型效果参看云盘中的"场景 > Cha11 > 原木凳 ok.max"文件，如图 11-5 所示。

11.2.3 任务实施

1 **创建模型**

图 11-5

（1）启动 3ds Max 2014，使用提供的原木贴图创建一个不规则的图形。

（2）为其添加"挤出"修改器，设置模型的厚度，效果如图 11-6 所示。

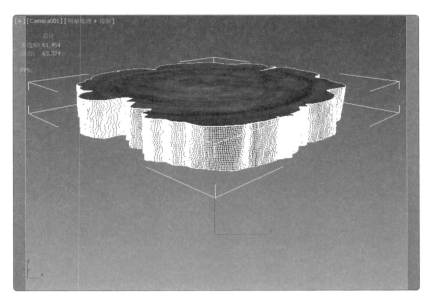

图 11-6

（3）创建可渲染的矩形，并对其进行复制，制作出凳子的支架，效果如图 11-7 所示。

图 11-7

② **设置材质和场景**

（1）为凳面设置原木贴图。

（2）为支架设置黑色的金属材质。

③ **测试渲染**

测试渲染场景操作可以参考前面项目中的介绍。

④ **调整灯光和视角**

（1）在场景中创建一个模型作为地面和背景，创建灯光，并调整其参数。

（2）调整透视视图中的视角，按 Ctrl+C 组合键，创建摄影机，效果如图 11-8 所示。

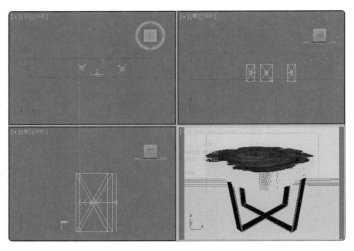

图 11-8

❺ 最终渲染

最终渲染设置可以参考前面项目中的介绍。

任务 11.3　制作建材效果图——平铺地砖

11.3.1　任务引入

本任务是制作平铺的地砖效果图，要求使用客户提供的地砖贴图渲染出地砖平铺后的效果图。

11.3.2　设计理念

设计时，环境通透明亮，混搭一些其他家具以展示地砖搭配效果，整体风格简约、时尚，并输出彩色原稿，以便能以不同的比例尺寸清晰显示效果图。模型效果参看云盘中的"场景 > Cha11 > 平铺地砖 ok.max"文件，如图 11-9 所示。

图 11-9

微课

制作平铺
地砖效果图

11.3.3 任务实施

1 选择场景

启动 3ds Max 2014，选择一个与地砖效果匹配的场景进行搭配，效果如图 11-10 所示。

图 11-10

2 设置视角

由于本任务主要表现地面效果，所以设置视角时需要将地面部分展示得多一些。

3 设置材质

根据提供的贴图来进行材质的设置，可以适当地调整材质的反射效果。

4 测试渲染

测试渲染场景的操作可以参考前面项目中的介绍。

5 创建灯光

为场景创建较为明亮的灯光，可以参考最终场景中的灯光参数。

6 最终渲染

最终渲染设置可以参考前面项目中的介绍。

任务 11.4 制作室内效果图——书房

11.4.1 任务引入

本任务是制作书房效果图，要求能体现出书房详和、典雅的风格。

11.4.2 设计理念

设计时，在书房中添加一些风格沉稳的家具，使书房看起来更加雅静；同时混搭一些其他元素，如鲜花、印花地垫等，营造书房舒适的氛围，输出彩色原稿，以便能以不同的比例尺寸清晰显示效果图。模型效果参看云盘中的"场景＞Cha11＞书房ok.max"文件，如图11-11所示。

图 11-11

微课

制作书房
效果图

11.4.3 任务实施

❶ 创建模型

（1）启动3ds Max 2014，导入云盘中的"场景＞Cha11＞书房图纸.dwg"文件。

（2）根据图纸，绘制出墙体图形，并为其添加"挤出"修改器，设置合适的挤出参数和分段。

（3）为模型添加"编辑多边形"修改器，调整顶点，调整出窗洞和门洞。

（4）为模型添加"编辑多边形"和"挤出"修改器，设置窗洞和门洞的多边形，并将挤出的多边形删除。

（5）创建合适大小的矩形作为窗框，为矩形添加"编辑样条线"修改器，设置样条线的"轮廓"，并为其添加"挤出"修改器，设置合适的参数，效果如图11-12所示。

（6）创建图形，并为其添加"挤出"修改器，设置合适的挤出数量，作为顶。

（7）创建矩形，为矩形添加"编辑样条线"修改器，设置样条线的"轮廓"，并为其添加"挤出"修改器，作为空调口边框。

（8）创建合适的长方体，作为空调扇叶和空调口隔断，效果如图11-13所示。

（9）在墙体的一侧创建矩形，并在矩形中创建圆角矩形，为矩形添加"编辑样条线"修改器，将两个图形附加在一起。

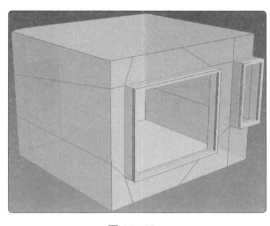
图 11-12

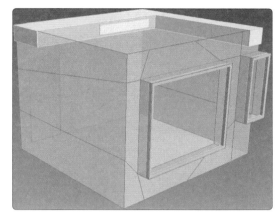
图 11-13

（10）复制圆角矩形的样条线，并修剪图形，设置顶点的"焊接"，并为图形添加"挤出"修改器，挤出书柜边框模型。

（11）为挤出的模型添加"编辑多边形"修改器，设置边的"切角"，使其边缘变得圆滑，使用同样的方法创建墙体另一侧的书架，效果如图 11-14 所示。

（12）在创建书架的圆角矩形底端创建长方体作为书架的柜子，为其设置合适的参数和分段。

（13）为创建的长方体添加"编辑多边形"修改器，调整顶点的位置，调整出柜子门的形态。

（14）对调整顶点后的多边形设置"挤出"和"倒角"，完成柜子模型的创建，创建长方体作为书柜隔断，效果如图 11-15 所示。

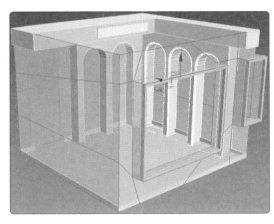
图 11-14

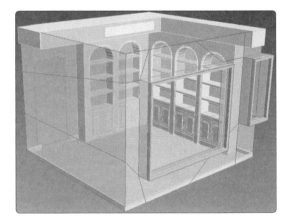
图 11-15

2 设置材质

（1）选择创建的墙体框架，为其设置材质 ID。

（2）为墙体框架设置一个"多维 / 子对象"材质，将地面设置为木纹材质，为墙体设置一个贴纸材质，为顶面设置白色乳胶漆材质。

（3）为书柜设置木纹材质。

（4）为顶和空调隔断指定白色乳胶漆材质。

3 合并场景

将家具场景素材合并到场景中，效果如图 11-16 所示。

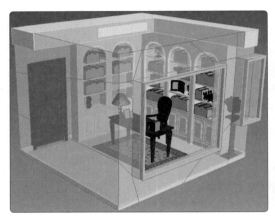

图 11-16

4 测试渲染

测试渲染场景的操作可以参考前面项目中的介绍。

5 创建灯光

（1）在顶视图中创建 VR 太阳，并在其他视图中调整灯光的位置和角度，设置"强度倍增"为 0.05。

（2）为环境背景指定"VR_天空"贴图，并将指定的贴图拖曳到材质球上，设置合适的参数。

（3）在窗户的位置创建 VR 灯光中的平面灯光，设置"倍增器"为 6，设置灯光的颜色为浅蓝色，在"选项"组中勾选"不可见"复选框。

6 最终渲染

最终渲染设置可以参考前面项目中的介绍。